新版

イネの作業便利帳

よくある失敗150

高島忠行 著

農文協

「豊作の杖」の教え ――まえがきにかえて

『イネの作業便利帳』を上梓して二〇年が過ぎた。この本は、幸いにして多くの人たちに愛され続け、四三回もの版を重ねることができた。このことは、今もなお、イネつくりの失敗や悩みの原因が日常的な作業でのちょっとした思いちがいやうっかりミスにあり、それが栽培全体に及んでいることの現われなのだろう。当時、農業改良普及員として働いていた私は、仕事で毎日接している農家の皆さんに教えられながら、その経験をまとめる形で書き上げた。心より御礼申し上げたい。

ただ、今読み返してみると、基本は変わらなくても、肥料や農薬、機械、資材などが変わってしまい、読者の皆さんに対してたいへん心苦しい思いでいた。このたび、改訂の話があり、思いきって全体を見直してみる気になったのは、それがいちばんの理由である。私自身も、普及員の仕事を退職して一人の農家となり、毎年イネをつくりつづけてきた。仲間の農家と一緒に年を取りながら見えてきたこともある。彼らの知恵を、次の世代に伝えていかなければならない。私自身ももう八〇歳目前である。

若い人たちが、年寄りの田んぼを引き受けて、一気に何十ヘクタールものイネつくりをやるようになった。一方で、地域にも、団塊世代が退職し、規模は小さいけれど、イネだけはつくりたいと、楽しみながら頑張る人もふえてきた。

はたと気がついた。考えてみれば、若い人たちも農業機械の扱い方は上手だが、イネのことがわからない。何十ヘクタールもイネを栽培している若者から、一ヘクタールそこそこしかイネをつくっていない年寄りの私に、イネつくりについての相談がくる。定年帰農した人たちからも相談がくる時代となった。

二〇年前とイネつくりを取り巻く環境は大きく変わった。しかし、イネを育てる人たちにとって、規模の大小とは関係なく、今も「イネつくりは毎年が一年生」という言葉の意味は少しも変わってはいない。

改訂新版を出すに当たっては、次の点に留意した。

一つ目は、イナ作初心者の重視。大規模イナ作農家に対する最新の技術は営農情報としてよく紹介されるが、これからイナ作を始める人や始めて数年という農家に対しての情報が乏しい。そうした農家は、中古の農業機械や道具を利用することも多い。そこで、機械による作業とその整備などについては、中古の機械利用も含めて取り上げ、手の作業も重視しながら、作業の思いちがいや誤解を取り上げた。

二つ目は、農家の技術の重視。私が経験してきたことがほとんどだが、一部、未経験ではあるが月刊『現代農業』などで「なるほど！」と敬服した技術は積極的に取り上げることにした。

三つ目は、堆肥や地域の有機物資源をイナ作に活かす技術の重視。ＪＡＳの有機に取り組む人たちだけでなく、イナ作への畜産堆肥や食品工場残渣などの有機物利用は一般的になってきている。そこで、堆肥や有機物を積極的に利用するイナ作技術を充実させた。

四つ目は、イネつくりを楽しむ技だ。この年齢になって、ますますイネとのつきあいが大切だと思うようになった。手づくりの「豊作の杖」、観察用のポット缶イネ、播種量決定ばん、田んぼの水位早見板、幼穂取り出し道具など、私のアイデアだけでなく仲間の農家の工夫も取り上げた。道具があることで共通の話題ができ、イネが暮らしの楽しみの一つとなる。

前著をお持ちの方は、ぜひ新版も手にとってみてほしい。必ず新しい発見があるはずである。

「豊作の杖」は、思い出のつまった道具である。まだ、農業改良普及員をやっていたころ、地域の農家のイネの調査データをもとに、時期時期のイネの姿を、草丈・茎数・葉色、そしてその時期に手を打たなければならない作業を、一本の杖に書き込んでいったものである。もちろん豊作の杖には目盛りが打ってあり、自分のイネが何センチに育っているかをすぐに測ることができるようになっている。

当時、イネの検討会があると、皆、「豊作の杖」を杖代わりにつきながら田んぼに集まり、田んぼの中

豊作の杖
最初は「生育診断ポール」という名前にしたが、あまりに印象がカタイ！　ということで「豊作の杖」と名前を変えた（174ページ参照）

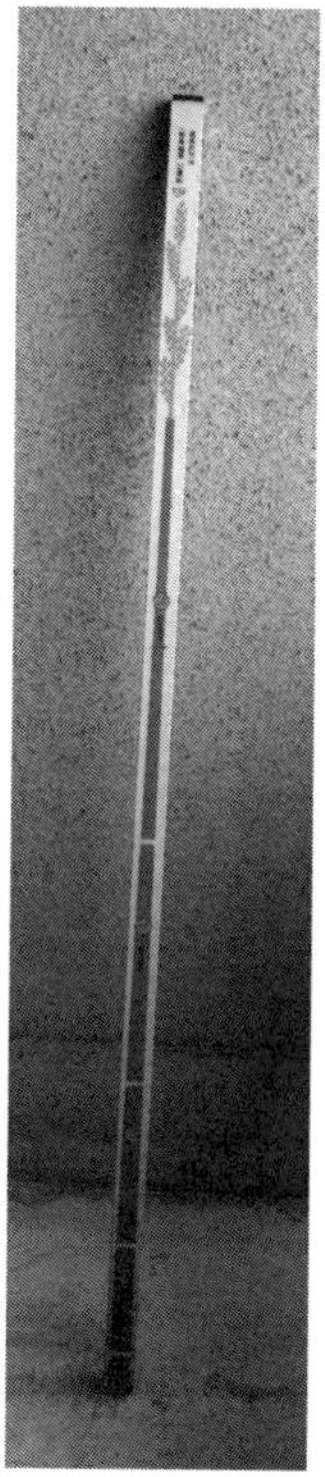

節間長と穂長を調べる面

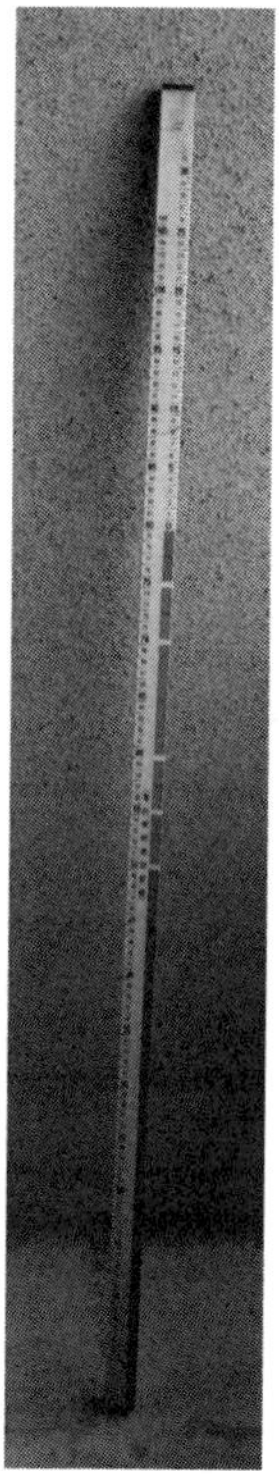

地ぎわからのスケールと葉色を調べる面

に持ち込んで、草丈を測ったり、葉色を調べたりと、本当に賑やかだった。忙しくはあったがたいへん楽しかった。その杖に記された収量目標は反収一一俵である。この目標は、試作品を農家の集まりで公開したときのおじいさんの一言で決まった。

「一〇俵じゃオモシロない！　一一俵にせんかいや！」

「そやなあ、ほな、一一俵の目標にやり変えるわ」

本書が多くの農家の皆さんに可愛がられ、「豊作の杖」を仲間と一緒につくった三〇年前の熱とともに、少しでもお役に立つことができれば幸せである。

二〇一〇年一月

高島忠行

イネの作業便利帳 目次

苗つくり

田んぼの準備

田植え

雑草防除

溝掘り

肥料ふり

乾燥・調製

大量の有機物を使いこなす法 ―イネの条抜き栽培

●意外に大切な比重選

翌年の種子を自家採種しなくなってからというもの、それまで行なっていた「比重選」が見られなくなってしまった。買ったタネモミだから大丈夫と決め込んで、うまくいかなかったら他人のせい……。情けない。苗つくりの基本は種子選びである。

右の写真は、比重選で浮いたモミ（左）と沈んだモミ（右）をむいて、裸（玄米）にしたもの。浮いたモミはやせていることがわかる。

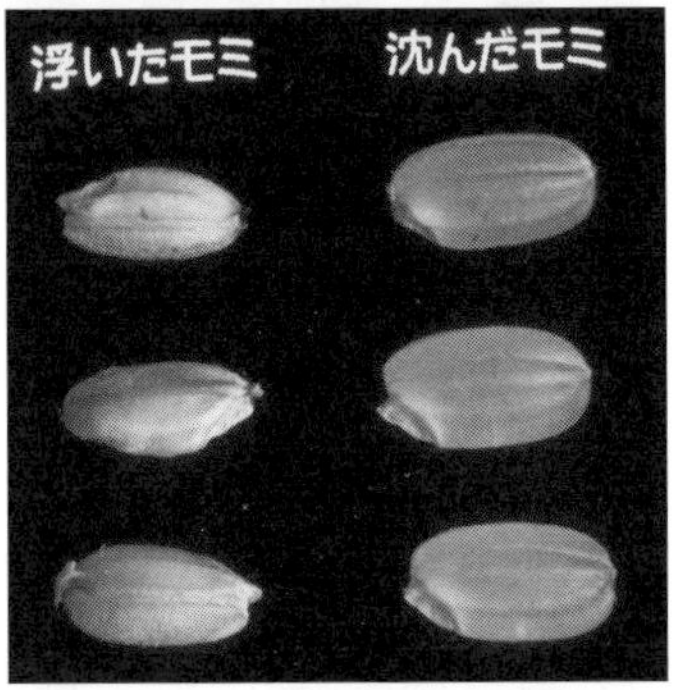

下はそのモミを育苗箱にまいて出芽してきたところ。いっけん差がないように見えるが、次ページの写真でわかるように、じつはその中身にかなりのちがいがあった。

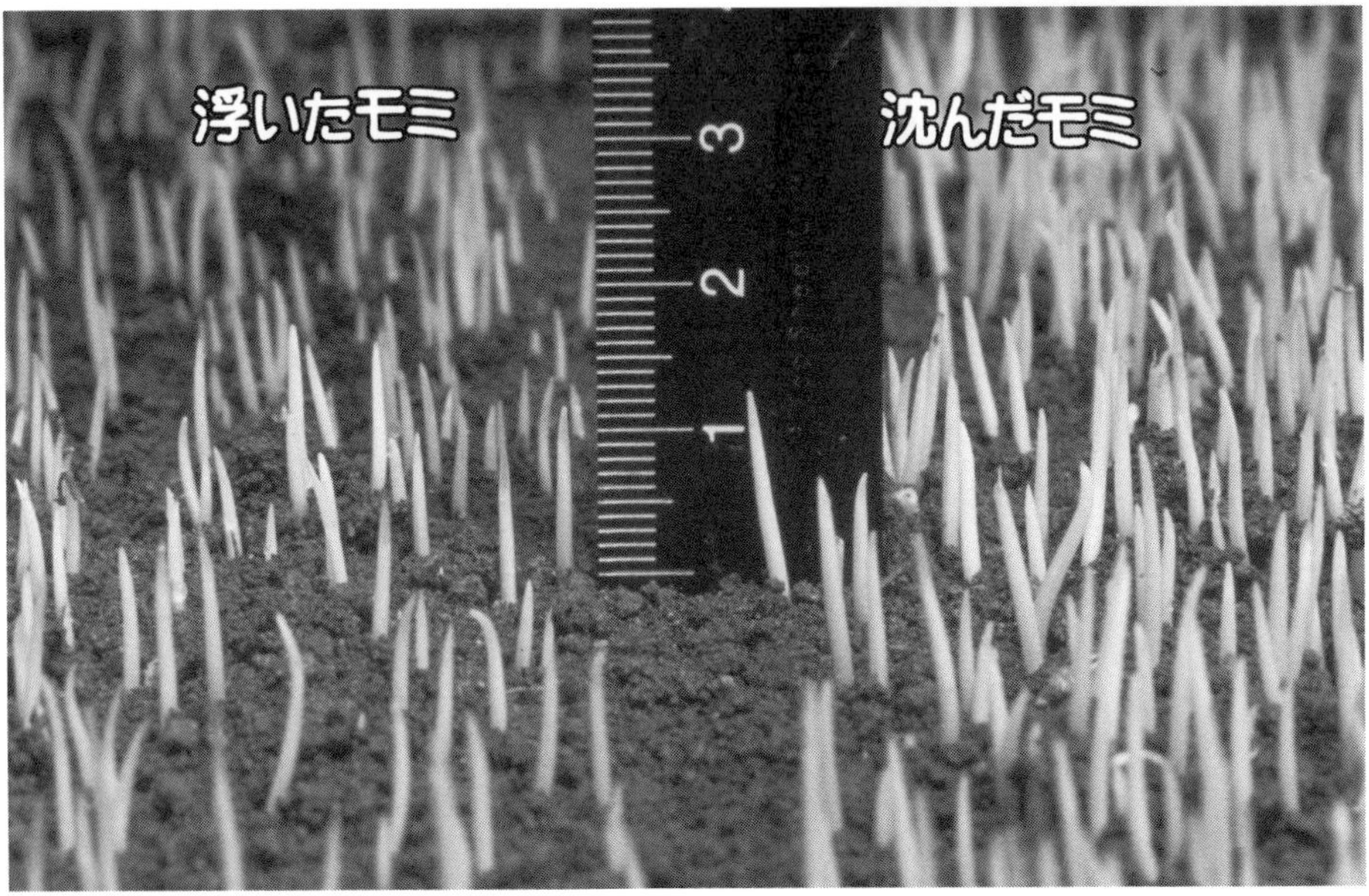

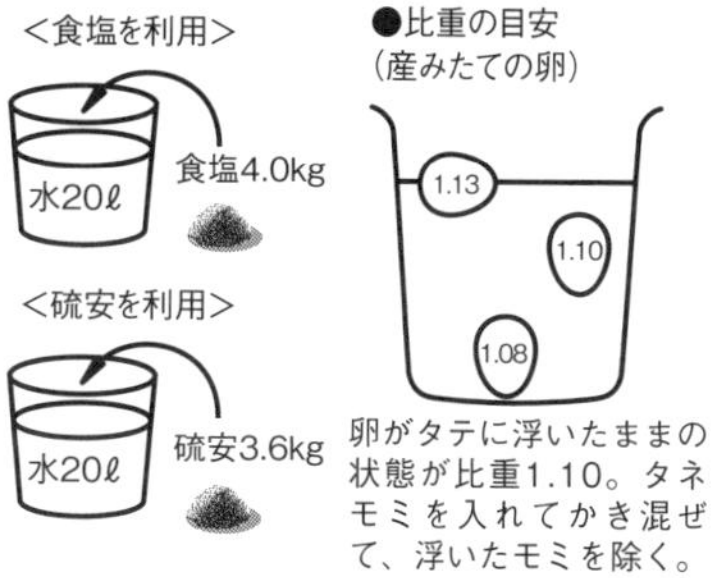

卵がタテに浮いたままの状態が比重1.10。タネモミを入れてかき混ぜて、浮いたモミを除く。

比重選のやり方

食塩や硫安を溶かした水でタネモミを選別する方法。ウルチ米のタネだと比重1.13、モチ米だと1.08の水にタネモミを入れて、沈んだタネモミを種子として用いる。

溶かす食塩や硫安の量は左図。まず、比重の小さい選別液でモチ米を選び、次にさらに食塩や硫安を加えて比重を大きくしてウルチのタネを選別するとよい。使い終わった硫安の液は、野菜畑などの液肥に使う。

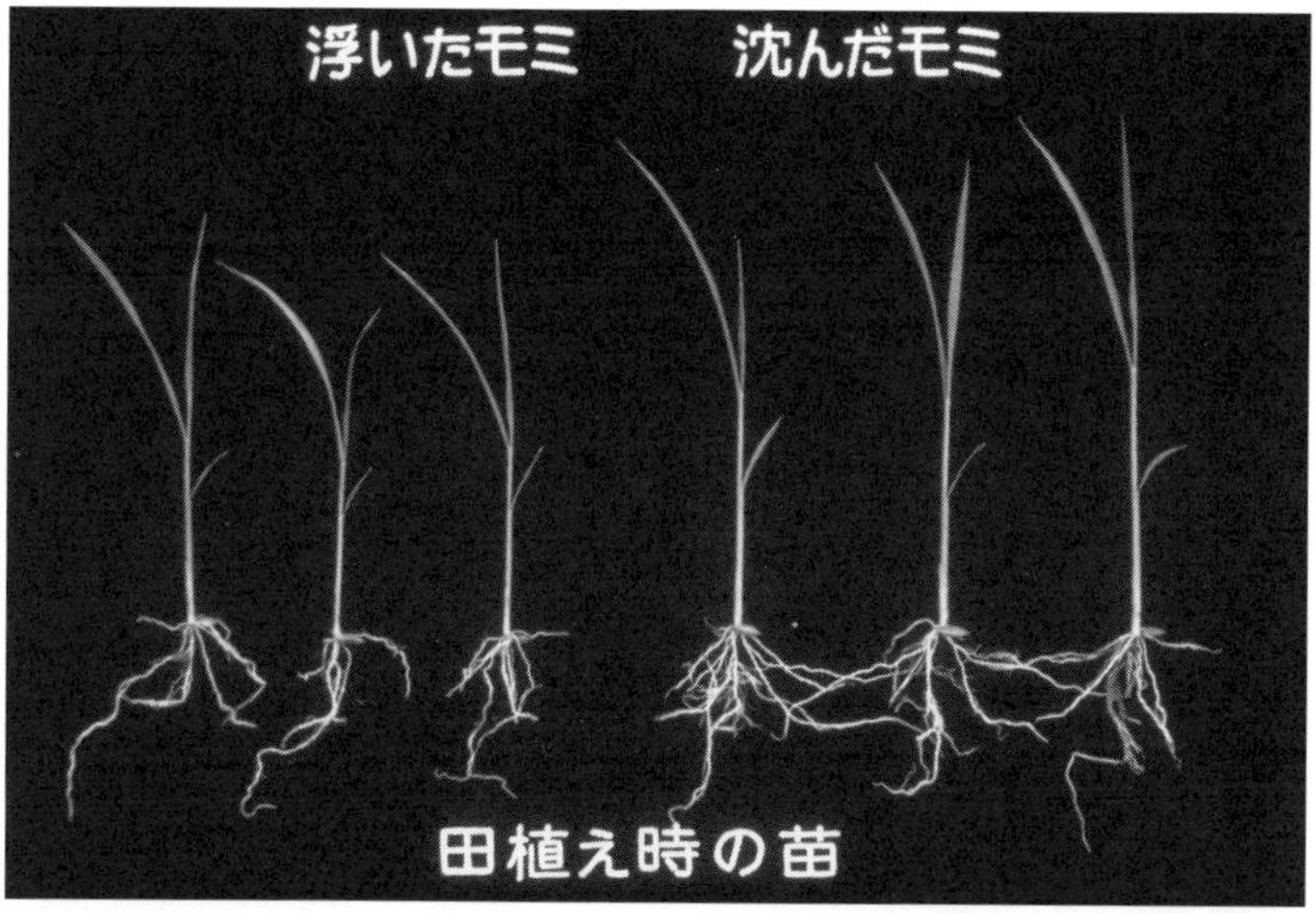

田植え当日の苗の姿。浮いたモミの苗（左）は、なんとか出芽したものの、田植えのときには草丈が小さく、根張りも悪い。

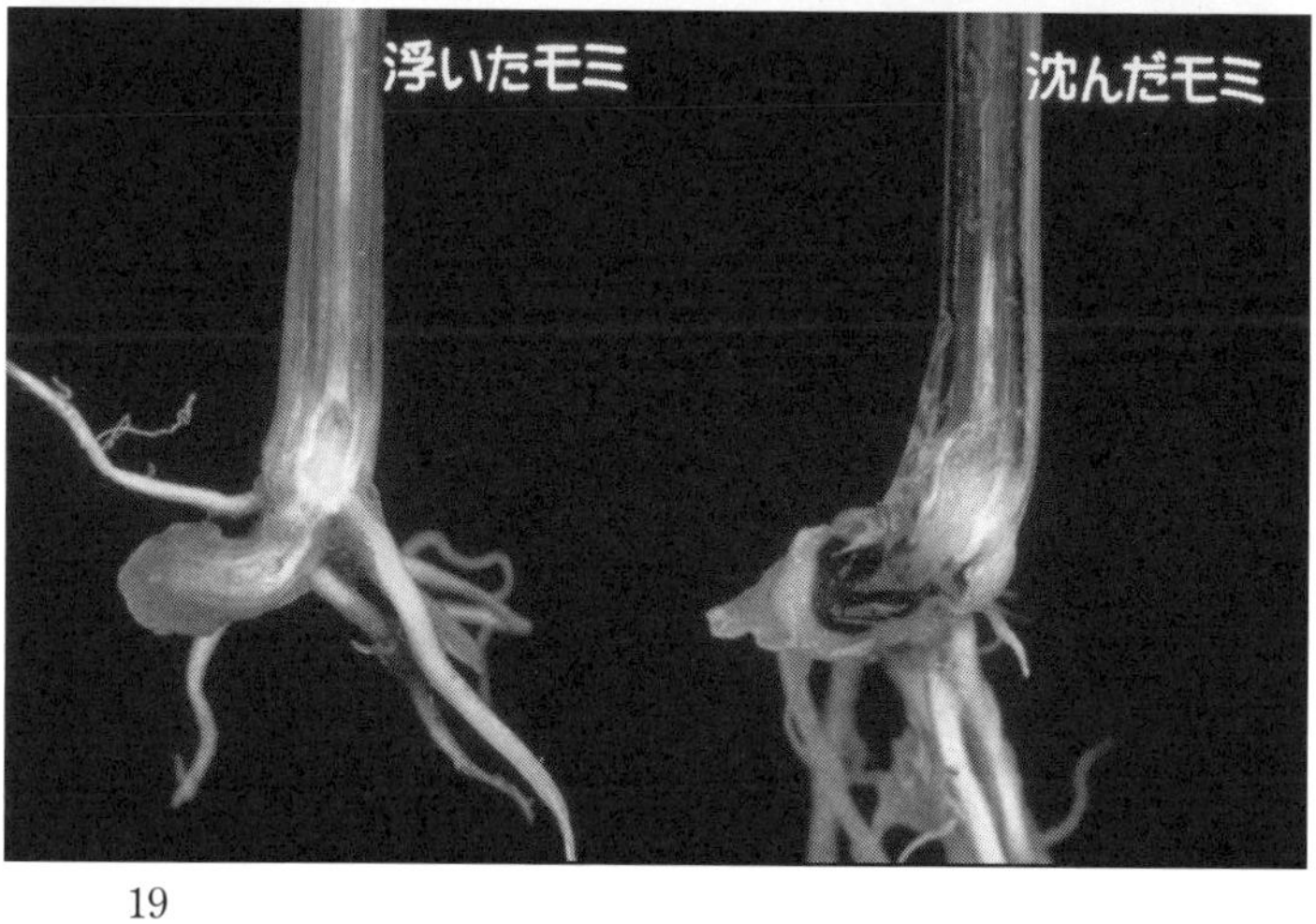

苗の茎元を切って、ヨードカリ液で染めたもの。浮いたモミはまったく染まっていない（左）。これは茎の中にデンプンが少ないことを示しており、活着に必要な養分が不足している。

●浸種はしっかり　時間をかけて

浸種は、タネモミにしっかりと水分を吸わせてデンプンを糖に変え、発芽の準備を整える作業である。案外多いのが、この浸種作業の手抜きで発生している発芽のバラツキだ。

浸種の目安は積算温度で100度（水温10℃なら10日間）。この間、モミが酸素不足で窒息しないよう、水替えなどを行なってやる。

浸種と催芽の程度による芽の出方のちがい

左から芽が動き出していないもの、中がハト胸状態（適期）、右がすでに伸びているもの。

浸種が十分で、タネモミが均一に吸水し、播種に適したハト胸状態のタネモミの比率が多い。この状態だと気持ちよく播種できる。

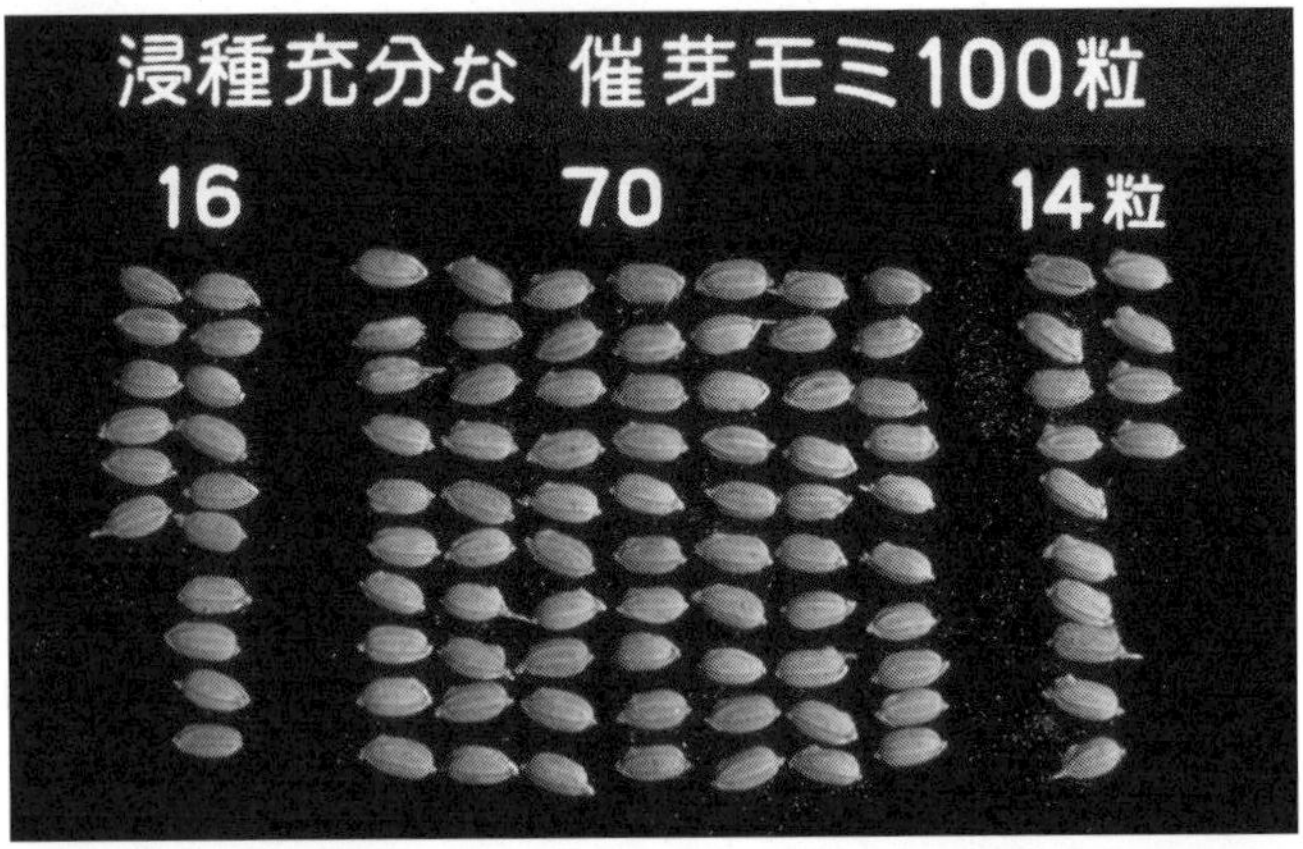

浸種が不十分で、タネモミごとのバラツキが大きい。ついつい、タネモミ全体の状態をそろえたくて、催芽器に頼ったり、育苗器に入れてから長めに加温してしまって失敗する。

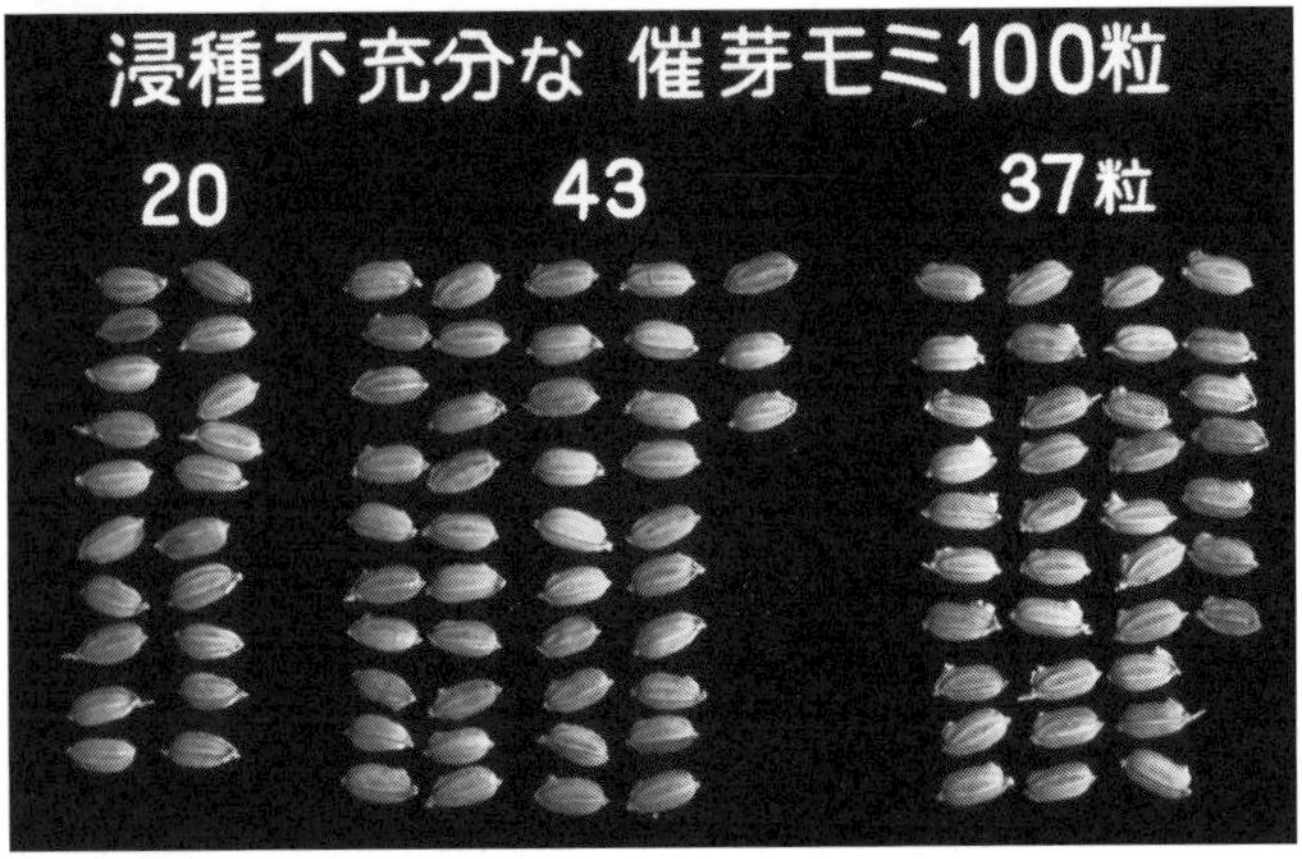

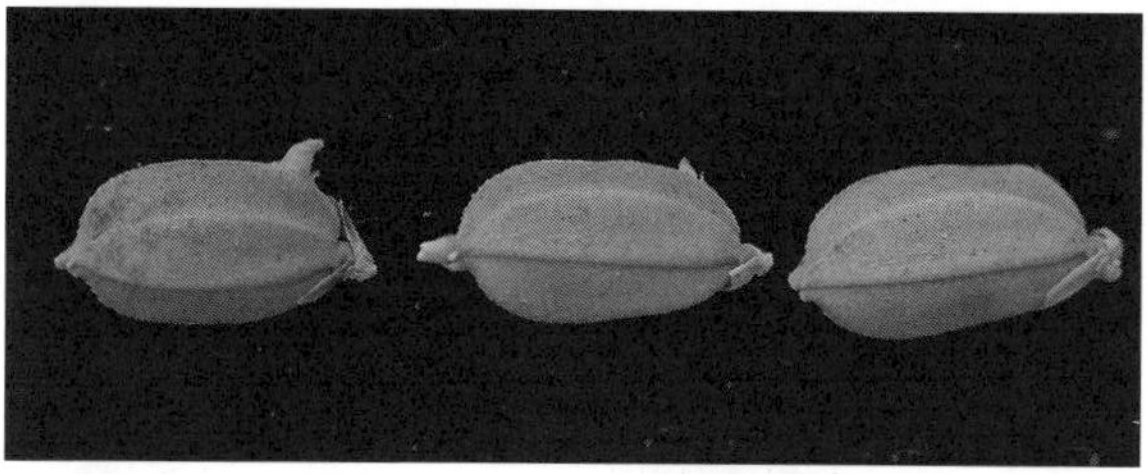

これがハト胸状態のタネモミ

催芽後のタネモミは、右のハト胸状態がベスト。芽が白く伸び出て見えるようでは遅い。モミがプクッと膨らんだくらいがちょうどいい。

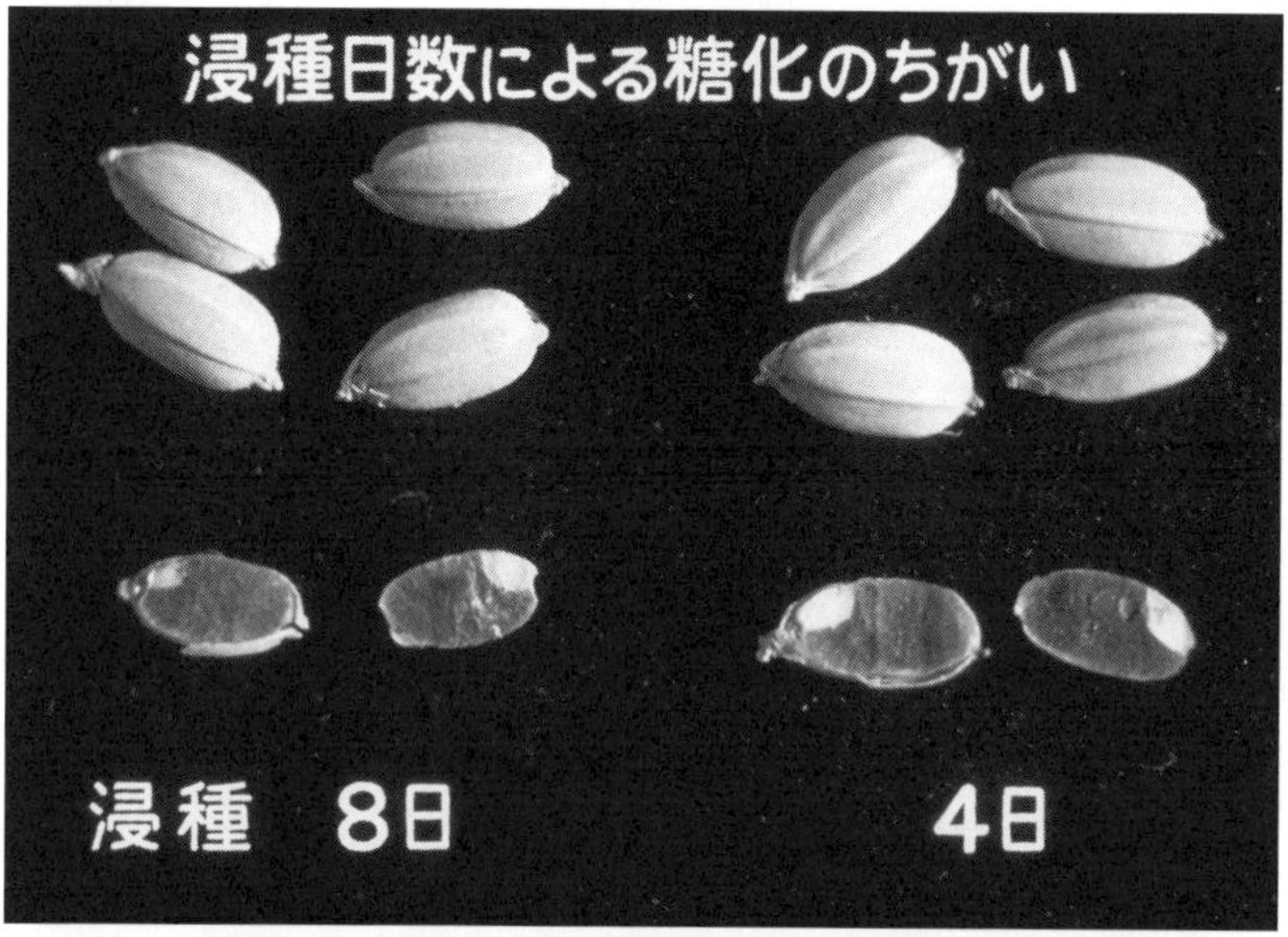

浸種日数による糖化の差

浸種8日目と4日目のモミを半分にわって、ヨードカリ液で染めてみた。4日目のほうがモミがよく染まっていることから、まだデンプンがたくさん残っている。つまり、デンプンを糖に変えて一気に伸び出す準備ができていないことがわかる。

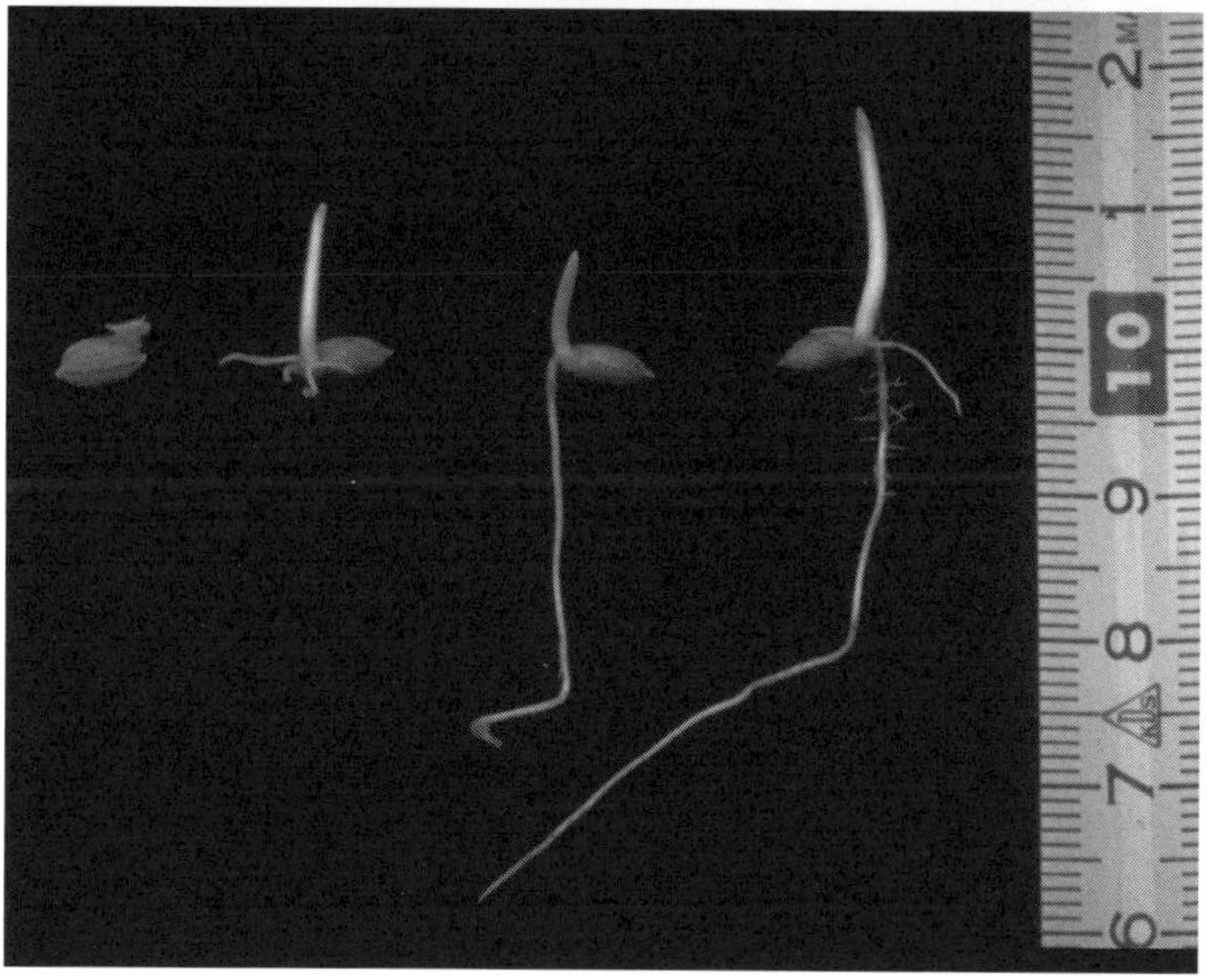

育苗器で加温した苗のバラツキ

浸種が十分でないと焦って、育苗器に入れて長めに加温した苗を見たもの。高温で芽も根も煮えてしまったもの（左）、芽は出したものの根が伸びないものなどやっぱりバラツキが多い。浸種の手抜きはあとあとまで影響する。

●欠株をおそれた厚播《あつま》きが苗を弱くする

欠株はやはり気になるもの。薄播きするとスカスカ……。心配になってムラ直しの追い播き。これがついつい厚播きになる原因。よほどのまきムラでないかぎり、ムラ直しは不要である。少しの播種量でも苗の姿はガラリと変わる。

播種量を変えると苗は変身

下の写真は、70g播き、90g播き、180g播きしたときの播種後1か月の苗箱と、播種直後の苗箱の状態を見たもの。180g播きの苗は、すでに葉の色が黄ばんでいる。

播種量を変えた苗の仕上がりぐあい

左から、70g播き、90g播き、180g播きの苗。70g播きの苗は、第一葉鞘高が3cm程度と、コシの低いガッチリとした苗に仕上がっていることがわかる。

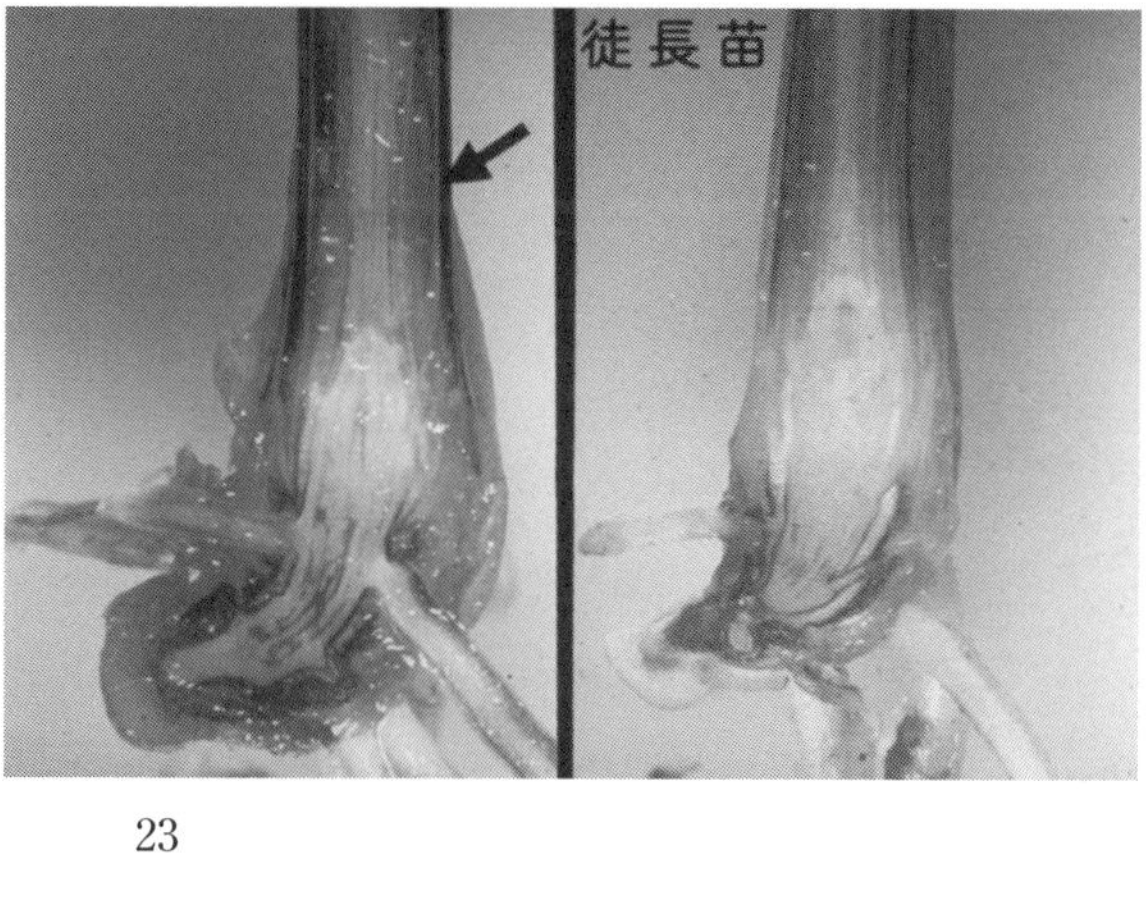

薄播きガッチリ苗はデンプンもたっぷり

左の薄播き苗は、光を浴びてしっかりと光合成してデンプン（黒く見える部分）を蓄積している。それに対して厚播き徒長苗は貧弱だ。

春の作業は段取り勝負

のんびりしているとたちまち手遅れに

春は日一日と暖かくなり、草花も芽を出し、待つのがとても楽しみな季節である。しかしその半面、田んぼの水はけをよくしたり、高低を直したり、用排水路を整備したり大忙し。そのほかにも、農道の補修、タネまき、育苗、堆肥まき、施肥、田起こし、アゼぬり、代かきと、春の作業が集中して、一年中で最も忙しい季節でもある。

よほど作業の段取りをよくしないと、母ちゃんとのトラブルも起こしかねない。

私の住んでいる北陸地方では、かつては田植えは五月の連休に集中し、五月十日には九〇％以上が田植えを終えていた。今では高温障害を回避するために、田植え時期を五月十日以降まで遅らせるように指導されているが、それでも田植え時期が集中することに変わりはない。

田植えがこの時期に一気に終わるということは、タネまきも一度にすませることになる。タネまきが一度に集中すれば育苗管理も集中するし、苗もいっせいにできあがる。

今は耕起、代かき、田植えの機械化で能率はよくなった。田植えにしても、少し前ならば何日か

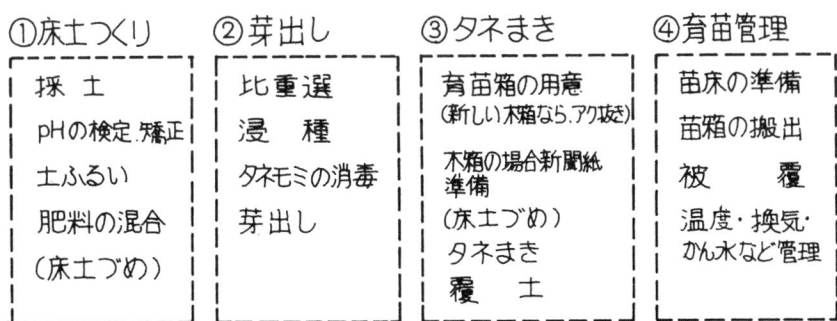

タネまきまで

育苗の作業を4つに分けて段どりをたてる

①床土つくり
- 採土
- pHの検定.矯正
- 土ふるい
- 肥料の混合
- (床土づめ)

②芽出し
- 比重選
- 浸種
- タネモミの消毒
- 芽出し

③タネまき
- 育苗箱の用意 (新しい木箱なら.アク抜き)
- 木箱の場合新聞紙準備
- (床土づめ)
- タネまき
- 覆土

④育苗管理
- 苗床の準備
- 苗箱の搬出
- 被覆
- 温度・換気・かん水など管理

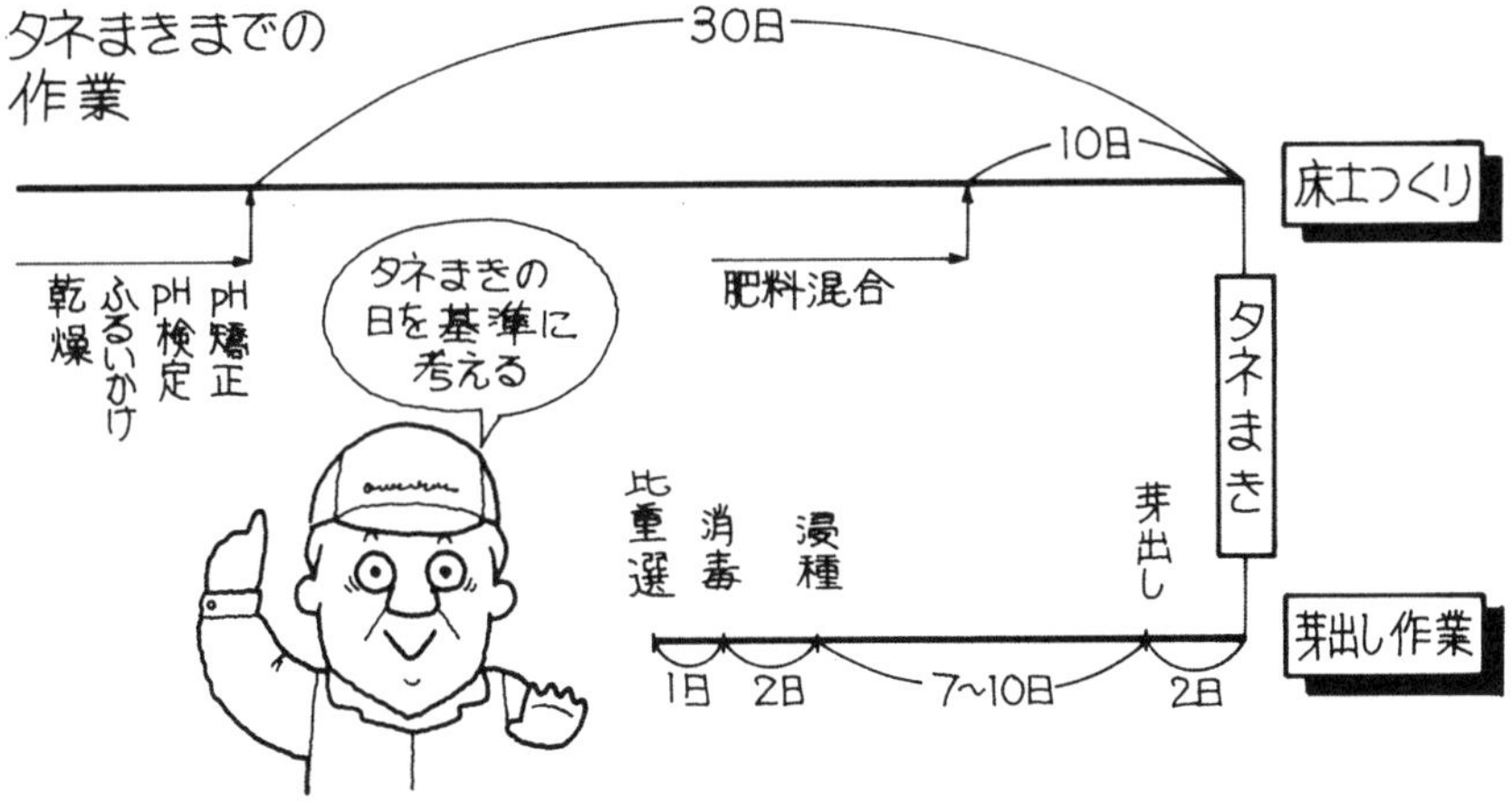

かけていたのに、乗用型の五条植え田植機なら一ヘクタールくらいを一日で終えてしまう。それでも田植え前の忙しさは変わらない。カレンダーを見てみよう。

　だいたいその年の春の作業は、田植えまでの約二か月間。ところが、勤めに出ている人にとっては、働けるのは何日あるだろうか。三月から四月にかけては職場の人事異動があったりしてけっこう忙しい。花見もあれば農道や用排水路の掃除もある。近ごろの若い人なら子どもとのつきあいもたいへんだ。そんなところへ年によっては春の統一地方選挙があったり……。

　実際に仕事ができるのは二か月どころか、休みの日の数

私の春作業の予定表

月	旬	主な作業内容	育苗作業
3	中	ムギの追肥 野ネズミの駆除 アゼの補修	床土の準備 酸度調整、肥料混合箱、資材の点検
	下	堆肥まき 育苗準備 枯草焼き 農道・用排水路の整備	床土箱づめ タネモミ準備
4	上	田の高低直し 珪カル、土改資材散布	育苗床の準備 芽出し 播種
	中	イネタネ播き 田起こし	
	下	田に水を入れる 元肥施肥 アゼ草刈り ムギ防除	育苗管理 保温 換気 かん水
5	上	除草剤散布 荒代かき 植え代かき 田植え	
	中	補植	

日しかないということだ。こうなると段取りのよしあしが決定的になる。いくら機械がよくなっても、やはり春は忙しいものだ。つい手を抜くと、補植に何日もかかったり、刈取りのときに苦労をしたり、おまけに収量もダウンしたり……。一年に一回しかできないコメつくり、どうせやるなら上手にこなしたいもの。

そこで私は、春の作業を四つに区切って考えて、段取りを立てている。

■六〇日間を四区分した作業計画

私は、雪がとけた三月中旬、ムギの追肥に始まり、五月十五日の田植え終了までの約六〇日間について、休日を主体にした作業計画をあらかじめ立てておき、その計画にそって作業をすすめるようにしている。それでも、雨が降ったり勤めの都合があったりで予定が狂うとたいへんなのが、春の作業である。

そんなときほど、準備がよくて作業を段取りよくこなしていく人と、準備が悪くてギリギリになって一気に片づけてしまう人とでは、そのときは目に見えなくても、あとになっていろいろなちがいが現われてくるものだ。

床土準備は早いほどよい

積雪地では前年に確保

床土の準備は、ほかの作業とかち合わずにすすめられるし、早め早めに手がけていくならばヒマなときを利用してこなせる作業である。いわばのんびりとやれるのが床土の準備だが、これがタネまきのまぎわにあわてて行なわれると、苗にとっていちばん重要な床土づくりそのものが雑になるだけでなく、タネモミや苗床の準備などとも重なるので、どうしても手抜きや不徹底がでてきて、失敗の原因になる。

私は山土を前年の夏のうちに準備し、天気のよい日に庭に広げて乾かし、五ミリ目のフルイにかけてから肥料の空袋に一五キロぐらいずつつめておく。保管場所は納屋の軒下で、トタンぶきの小屋をつくり積み重ねている。ネコやネズミが小便をかけて、床土が病菌の発生源にならないように古ビニールでおおっている。

床土の確保は、雪のない地方ならば年が明けてからでもよいだろうが、積雪地では春先に乾燥させることができないので、前年の夏～秋には用意しておかなくてはならない。

■pHの検定はタネまき一か月前に

タネまき一か月前ころの三月十日すぎ、床土の袋を作業場へ移してpHを調べる。農協や農業改良普及センターにお願いすればすぐに調べてくれる。最近では、手軽な土壌酸度測定器が売られているので、自分でも簡単に調べることができる。pHが四・五～五・五の範囲にあればよいが、高いばあいには矯正する必要がある。

pHの矯正を最も無難な硫黄華でやるならば、タネまき一か月前のこの時期までに混合しないと目的どおりに矯正できない。なぜかというと、硫黄華そのものは強アルカリで、土と混ぜることによって水分にふれ、空気中の酸素と結びつく。そして徐々に酸性に変化する。そのためpHが五前後になるまでに時間がかかるからだ。

pHを1だけ下げるのに要する硫黄華の目安

（土100ℓ当たり）

土の種類	硫黄華
泥　炭	240g
埴　土	80g
砂　土	55g

タネまきまでに一か月もなく、硫黄華が使えないばあいは、ピートモス（pH三・八～四）の細かいものを容量で一～二割混入するとよい。

床土のpHが四・五以下のばあいは、アヅミン入り苗代配合肥料（腐植酸苦土入り苗代配合肥料）に変えると、pHが四・五以上に上がり安心して使える。これにしてもタネまき一〇日前までをメドにする。

■肥料混合はタネまき一〇日前までに

pHの検定・矯正がすんだら、肥料を混合する。これも早くすませるようにすれば、それだけほかの作業のゆとりができる。タネまき一五～一〇日前には終えるようにしたい。遅くとも一週間前までには終えておかないと、土と肥料とがよくなじまず、肥料やけの心配がでてくる。

床土は袋ごとに重さを測り、苗代配合肥料（チッソ・リンサン・カリを成分割合一〇―一〇―一〇に配合したもの）を一箱当たり一五グラム（成分量で三要素それぞれ一・五グラム）になるよう、計算機をたたきながら袋に入れる。一箱当

タネまきまで

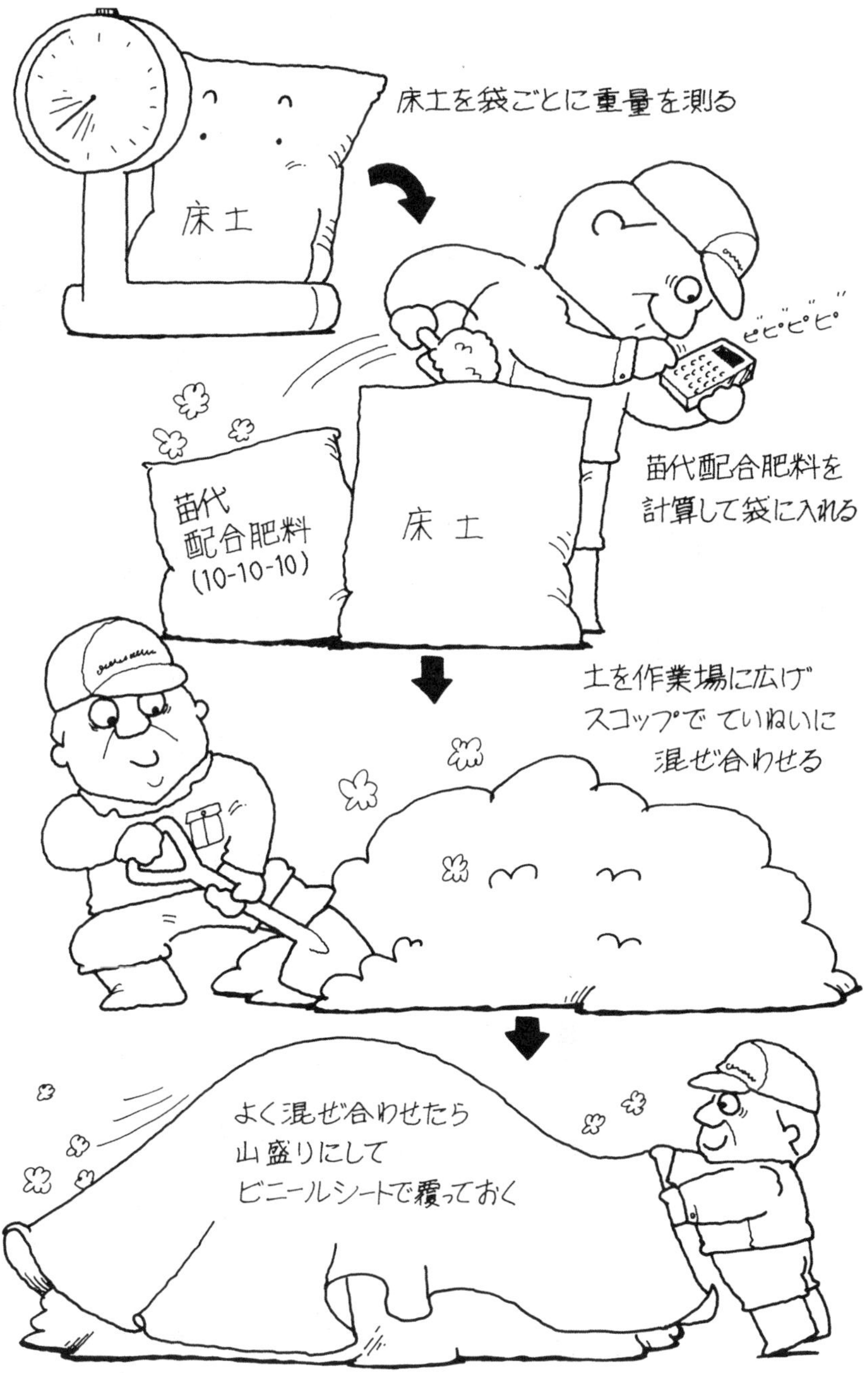
床土を袋ごとに重量を測る
床土
ピピピピ
苗代配合肥料を
計算して袋に入れる
苗代
配合肥料
(10-10-10)
床土
土を作業場に広げ
スコップで ていねいに
混ぜ合わせる
よく混ぜ合わせたら
山盛りにして
ビニールシートで覆っておく

たりに必要な床土の量を四キロとすると、一五キロの床土には五六・三グラム、二〇キロならば七五グラムの肥料を入れる。

所定の量を入れたら、土を作業場に広げ、スコップでていねいに混ぜ合わせる。コンクリートを練るミキサーを利用すると均一に混ざり、早く大量の床土をつくることができる。最近では、規模の大きい、育苗枚数の多い農家がよく利用している。

本田の栽植密度が坪当たり六〇株植えで一〇アール当たり一九箱、七〇株植えで二二箱のばあい、床土量は一〇アール当たり八〇～一〇〇キロを準備する。肥料をよく混ぜ終えたら、山盛りにしてビニールシートでおおっておく。

さらに覆土用として乾いた土を一箱当たり一キロ準備するが、これには肥料を混ぜない。市販の床土を用いるばあいでも、覆土用の土（全体の五分の一）は肥料の入っていないものを用意する。そうでないと肥料が二〇％もふえることになり、肥料過多でひどい苗ができあがる。

以前に床土が足りなくなってタネまきの三日前に急いで肥料を混ぜたら、肥料やけによる出芽障害と混合が十分でなかったための生育ムラがでてあわてたことがある。

播種量を減らしても肥料はそのまま

薄播きだからといって床土の肥料を多くする人がいる。厚播きだと苗はやや伸びかげんに育ち、見た目には生育旺盛に映る。薄播きは、その点育ちが遅く見えるので、肥料を多くしたほうが（一本一本を太く大きく育てるために）よいのではないかと考えがちであるが、実際には反対である。見た目には緑が薄くて生育が遅れているようにうつるが、一本一本の苗はしっかり育っている。床土肥料は多くする必要はない。

肥料が少ないと根の伸びがよくなる。標準より多く入れたために、かえって肥料やけを起こしたり、根が肥料を求めて伸びようとしないために、根がらみ不良で田植機にかけられない苗になったりすることがある。

タネまきまで

床土づめ―融通きくから早いほどよい

床土づめ、タネまき、かん水、覆土、育苗器に入れるまでのワンセットを一日でやってしまう人が多いが、これではあまりにも忙しすぎる。家族労力が豊富であればそれでもよいかもしれないが、夫婦二人ではつらい。今では小規模でも播種プラントを購入している人も多いが、そんなお金をかけなくても、段取りしだいで作業はラクになるし、苗の仕上がりもよい。

タネまき作業のなかでいちばん自由のきくのが床土づめである。床土づめは早くてもいっこうにかまわない。床土は肥料その他を混合すればすぐにでもつめられるから、肥料混合の時期が早ければ、それだけ床土づめも早くから可能になる。育苗箱に早く床土をつめれば土が若干乾く心配があるが、これだって積んでビニールシートなどでおおっておけばどうということはない。

床土づくりを余裕をもって早め早めにすませれば、床土づめも早くやれるようになる。肥料の混合はタネまき一五～一〇日前にはすませておくようにかかればよい。肥料混合のあと、すぐに床土づめにかかればよい。タネまき一〇日前までにつめておけば上出来である。必ずしも一日に一気につめてしまうことはないのであって、ヒマを見つけて入れていけばよい。タネまきを何回かに分けてやれば、それだけ床土入れにも幅ができる。

当日床土づめから始めるのとタネまきから始めるのとで段取りがどれだけちがうかは、農家の人ならすぐにわかるだろう。

床土不足はあわてず騒がず籾がらくん炭

立山町の山崎優さんは、奥さんと二人で（田植えどきなどは人を雇う）、現在近辺の農家から依頼された水田を含めて、一八ヘクタールのイネと、ネギを主体とした経営をしている。年ごとにイネの作付け面積がふえていくことから、育苗箱の枚数もふえ、床土の確保がたいへんなのと、苗箱の運搬がだんだん重荷になってきた。そこで、『現代農業』に紹介されていたくん炭育苗を試みることにした。

育苗ハウスからトラックの苗運搬台に運ぶのも、田んぼに運びアゼに並べるのも、田植機にのせる作業も、それまでの山土だけの床土のときに比べてたいへん軽く、疲れず助かった。

籾《もみ》がらくん炭は、籾がらを焼きすぎるとpHが高くなり、苗の生育が悪くなり、ムレ苗が発生する心配があった。それで山崎さんは、くん炭に、これまで使っていた山土を半量混合して育苗した。

育苗期間中は、とくに床土が乾いたとも思われず、結果は初年度から苗は立派に育った。

タネモミ準備に〝慣れっこ〟は禁物

■芽出しの日程はタネまきから逆算

芽出しは、床土づくりのように早ければ早いほどよいというものではなく、つぎつぎとこなしていかなくてはならないので、タネまきの日に合わせて計画的にすすめる必要がある。

タネモミの芽出し作業で重点的に考えなければならないのは、比重選と消毒、浸種、催芽である。この作業を安易にやるとばか苗病の発生や発芽不良、欠株のもとになり、あとあとまで尾を引く。

整列播種機は薄播きでも均一にまけるように工夫がされているが、これは均一な催芽ができていないと、かえって欠株がふえてしまう。タネモミの準備にもきめの細かさが要求されるようになってきた。

タネモミの段階では生育のよしあしなど比べようがないので、ついつい〝例年どおり〟慣れっこでこなしてしまいがちだが、ここは気を引きしめていこう。

タネまきの日を決めれば、芽出しをいつから始めればよいかもはっきりする。

比重選と薬液による消毒で二日、浸種期間が七～一〇日、芽出し（催芽）に二日、合わせてほぼ二週間かかる。日曜日にタネをまこうと思えば、その二週間前の日曜日に比重選を行なう。

育苗計画の例（稚苗のばあい）

田植え予定日	比重選種子消毒	浸種	催芽	播種	搬出	育苗日数
5月10日	4/4	4/5	4/18	4/19	4/22	22日間
5月15日	4/8	4/9	4/22	4/23	4/26	22日間
5月20日	4/16	4/17	4/29	4/30	5/3	20日間

■比重選―浮いたモミは惜しまず捨てる

比重選はただの水（比重一・〇）でなく、硫安を溶かした水で行なう（一九ページ参照）。「塩水選」でもいいが、硫安ならば使い終わった水は野菜畑にまくこともできる。水一〇リットルに対し硫安一・八キロを溶かして（比重一・〇八）、まずモチ米のタネから比重選を行ない、そのあと、同じ水の量に対してさらに硫安を一キロ加えて（合計二・八キロ＝比重一・一三）ウルチ米のタネを比重選する。

これだけの分量の硫安を完全に溶かすには、冷たい水ではとてもムリだ。溶けない硫安が残っていれば、正しい比重選をしたことにはならない。はじめはお湯で硫安を溶いたり、ぬるい水を使ったほうがよい。

比重を高くするとかなりのモミが浮いてしまう。だからもったいない気がして、つい薄めの液ですませてしまいがちだが、この程度の比重選で浮くモミは充実が不良だったり、なんらかの欠点があると思ってまちがいない。惜しがらずに捨てよう。補植の手間と農薬代が減ると思えば安いものである。

終わったあとのタネモミはきれいな水でよく洗って水を切り、種子消毒を行なう。

■タネモミ消毒のコツ

最近は、農家も種子消毒がめんどうくさくなってきたようで、消毒済みのタネモミがかなり出回るようになってきた。富山県は全国に流通しているタネモミの五割以上を占めている産地であるが、近年は農家の要請に応えて、四キロずつネット袋に入れ、テクリードC（種子消毒剤）で消毒したタネモミの出荷量のほうが多くなっている。このような消毒済みのタネモミのばあいは、浸種作業から始めればよい。

未消毒タネモミのばあいは、比重選を行なったあと、自分で種子消毒剤による消毒か、温湯消毒などでタネモミ消毒を行なう。

種子消毒はテクリードC二〇〇倍液に二四時間浸す。消毒したあとの液は、魚毒性が強いので、使い終わったら川や池に決して流れ込まないように処理する。薬液を使わず、タネモミに粉末の薬剤をまぶすことで消毒できる粉衣消毒という方法もある。

温湯消毒は、有機農業などに取り組む人たちの間で広がっている方法だが、六〇℃の温湯にタネモミを一〇分間浸漬することで、種子伝染するいもち病・ばか苗病・イネシンガレセンチュウなどをほぼ確実に防除できる。

■種子消毒をしたのにばか苗病　なぜ!?

ばか苗病の防止には種子消毒は欠かせない。比重選と同様、だれでもこのことはわかっているはずだ。ところが、わかっていることだけについついおろそかになりがちである。

ある年、ばか苗病が多く発生した育苗センターや農家がいくつかあった。どこも基準どおりの薬を溶かし、時間も守って消毒したというのにである。

そんなことがあるか、というのでよく調べてみると、この年は四月初めの気温が低く、消毒液の水温も低くて効果が落ちていたことがわかった。また、薬液の量が少なく、タネモミの袋が十分に浸っていなかったところもあった。そして、薬が水に溶けにくいこともあって、下のほうに沈澱していたこともわかった。

毎年のことだからと、ついなおざりな作業をしてしまったというわけだ。

〝健苗づくりには薄播き〟といわれるが、薄播きでは一本の苗もおろそかにできない。

薬液の濃度、温度、時間をキチッと守り、自分の目で溶けぐあいを確かめたい。袋を完全に水没させ、途中で何回か薬液を攪拌するのも効果的だ。

薬液の温度は必ず一〇℃以上を保つようにしてやらないと、効果がでない。

袋いっぱいにタネモミを入れるのもよくない。一〇キロ入る袋ならばタネモミは五キロぐらいにして、攪拌のたびに、すべてのタネモミが十分に

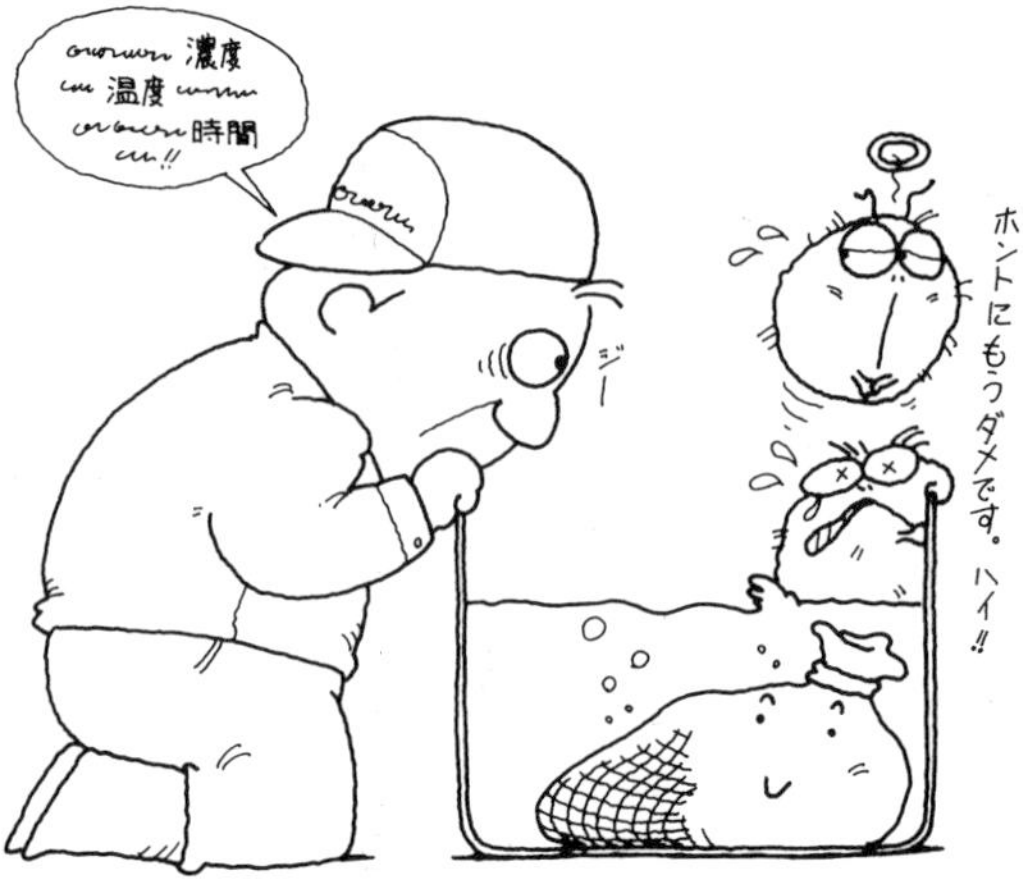

薬液に漬かるようにしなくてはいけない。

また、粉衣消毒は薬液に漬けないので早くからやっておくことができるし、前のような失敗も少ない。ただし、比重選後に一度タネモミを乾かさなくてはならず、粉衣にムラをださないように気をつけなくてはならない。比重選をしてから陰干しして水を切る。粉衣消毒をするばあいの乾きぐあいは、タネモミをにぎった手を開いてバラバラと落ちる程度でよい。

そのタネモミに、水稲用の種子粉衣消毒剤を、使用基準に準じてタネモミにまぶす。たとえばホーマイコートのばあいは、タネモミ一〇キロ当たり二〇〇～三〇〇グラムをタネモミにまぶしつけるか、ビニール袋の中で十分にタネモミを広げて散布し、シートの四隅を持って混ぜ合わせるとラクだ。タネモミの量が多いときはミキサーを利用してムラなく粉衣する。粉衣してから一～二日そのままにしておく。

その後、浸種のために水に漬けるが、最初の三日間は水を入れ替えない。そうすれば、その間も薬液に漬かっていることになり、消毒の効果がより高まるからだ。

■温湯消毒したのに病気発生!?

温湯消毒は廃液の心配もないので環境にやさしい方法だが、失敗も多いようだ。これは、すべてのタネモミがまんべんなく六〇℃の温湯に一〇分間浸かっていなかったために病気がでてしまったという失敗だ。また、大量にタネモミを入れたために温度が下がってしまった、という失敗も聞く。

イネづくりのスタートだけに手抜きは禁物である。

■浸種不十分が加温のしすぎをまねく

だれでも苗の発芽はきれいにそろえたい。薄播き苗ではなおさらだろう。

そのためにはまずそろったハト胸状の芽出しモミをつくらなくてはならない。

これでは芽が
伸びすぎ
これくらいで
ギリギリ「ハト胸」

とくに薄播き用の整列播種機では、タネモミの芽出しがそろっていないと、タネモミの穴に入らないものがあったりして、欠株の原因になる。芽出しをそろえることは非常に大切な作業になる。

浸種はタネの目覚まし。きれいな水に浸す。この目安は積算温度で一〇〇度、「平均一〇℃の水に一〇日間」である。ただし、水温が七℃以下の日は、浸種日数に数えない。胚が白く見えるくらいまで浸す。浸種が不十分だと芽切れが悪く、つい温度をかけて芽や根を伸ばしすぎてしまう。

しかし、早期栽培や寒地のばあい、平均水温を一〇℃に保つことはなかなかむずかしい。少しでも温度が上がるよう、浸種する場所を日なたにしたりする必要がある。水温が一五℃と一三℃とでは、発芽の日数が一日ちがってくる。

とはいえ、タネモミは呼吸をしているので、酸素を十分に与えるために、一日一回は水を取り替えなくてはならない。コシヒカリなど発芽しにくい品種は二〜三日長く水に浸す。

■催芽は温度をかけるだけではダメ

催芽は、出芽揃いを均一にするために、タネモミをハト胸状態にそろえる作業である。

タネモミの催芽は、育苗器を利用するばあい

浸種（タネの目覚まし）

▼オケで浸す場合

オケで浸すときは、1日1回水を取りかえる。ふつう7~10日ぐらい。10℃以下なら10日以上

▼沼に浸す場合

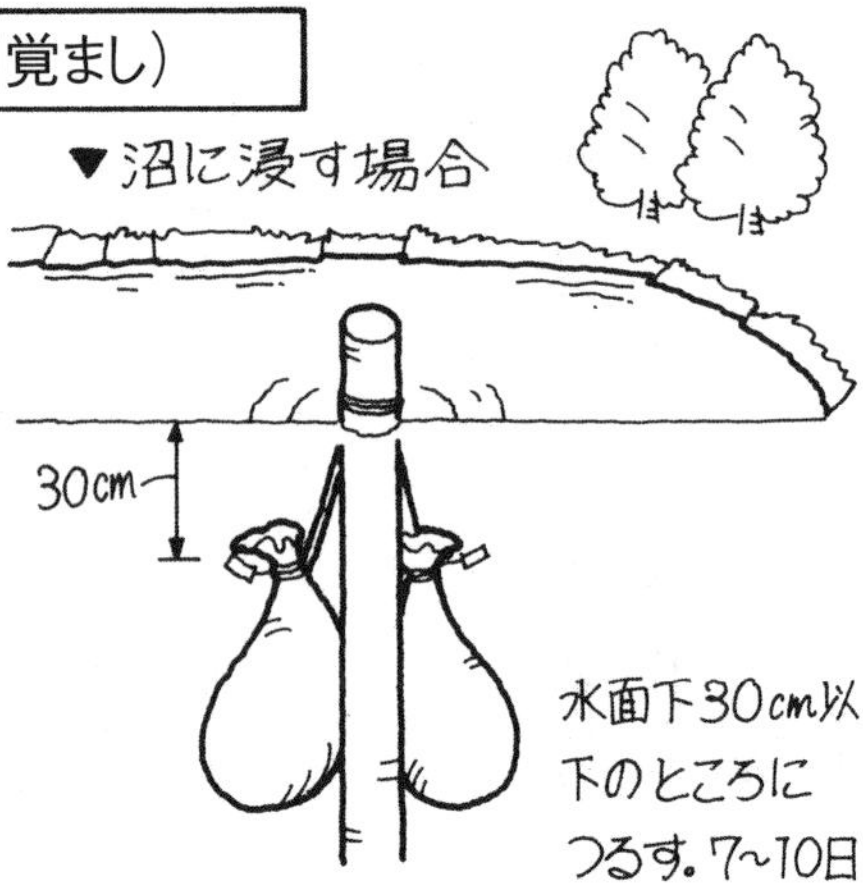

水面下30cm以下のところにつるす。7~10日

▼浅い川に浸す場合

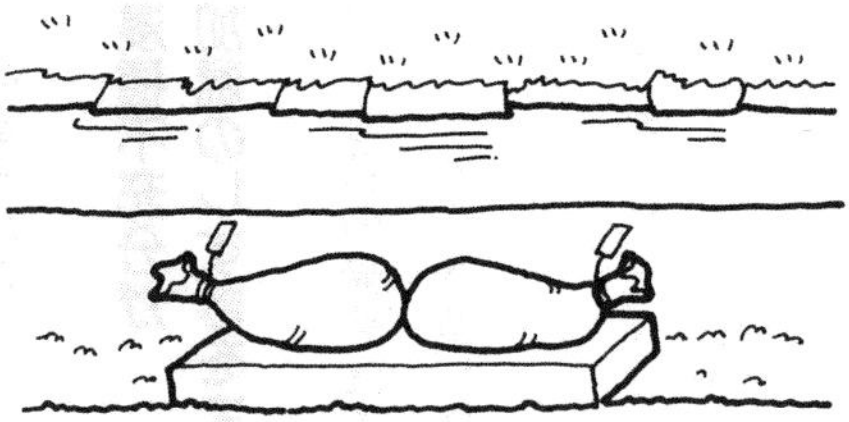

川底にモミ袋がつかないように台をおき、7~10日浸す

▼川や沼に浸す場合

川や沼に浸すときには、有毒なものが流れていないか確かめ、1日に1~2回引き上げて酸素を補給

と、風呂湯を利用するばあいとがある。

育苗器は温度管理がしやすい。二八～三〇℃にセットすると二日間で芽出しができる。

風呂湯のばあいは、三五～三七℃と私たちが入る温度より低くし、二～三日間かける。

モミは水分があって温度があれば芽を出すが、酸素が十分にあると条件はなおよくなる。したがって、風呂の中に入れっぱなしでなく、ときには湯から上げて再び湯にもどすと芽が出やすい。

タネモミを入れる袋

タネまきまで

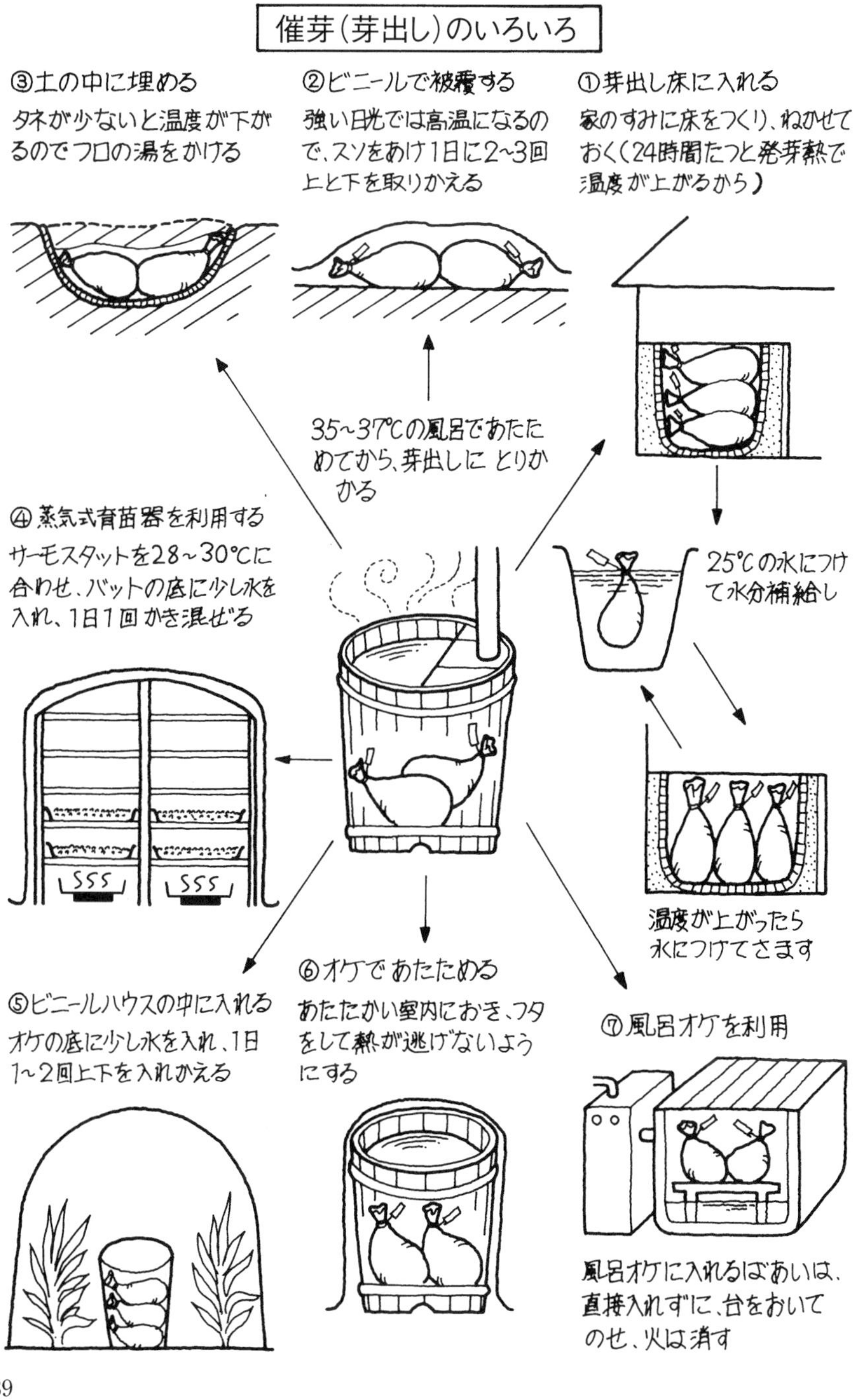
催芽(芽出し)のいろいろ
③土の中に埋める
タネが少ないと温度が下がるのでフロの湯をかける
②ビニールで被覆する
強い日光では高温になるので、スソをあけ1日に2~3回上と下を取りかえる
①芽出し床に入れる
家のすみに床をつくり、ねかせておく(24時間たつと発芽熱で温度が上がるから)
35~37℃の風呂であたためてから、芽出しにとりかかる
④蒸気式育苗器を利用する
サーモスタットを28~30℃に合わせ、バットの底に少し水を入れ、1日1回かき混ぜる
25℃の水につけて水分補給し
温度が上がったら水につけてさます
⑥オケであたためる
あたたかい室内におき、フタをして熱が逃げないようにする
⑤ビニールハウスの中に入れる
オケの底に少し水を入れ、1日1~2回上下を入れかえる
⑦風呂オケを利用
風呂オケに入れるばあいは、直接入れずに、台をおいてのせ、火は消す

にゆとりがないばあい、袋の外側は芽や根が出ていても、中側のモミは芽が切れていないなどムラになりやすいので、タネ袋にはモミをいっぱい入れない。できるだけ湯と酸素によくふれるようにしてやる。

■水替えがたいへんなら金魚のブクブクという手も

タネモミは呼吸しているので、酸素を十分に与えるために一日一回は水を取り替えなくてはならない。けっこうたいへんな作業だ。

福島県の佐藤次幸さんは、六〇〇リットルの水タンクに一〇キロ入りのタネモミの袋を三〇袋浸し、新しい水の入れ替えをせず、金魚のブクブク（エアーポンプ）の先端をエアーストーンに付け替え、できるだけ細かい泡を出して酸素を供給している。

水が腐ると、タネモミも腐る。佐藤さんは、タネモミが腐るのは酸素が足りないからだと考え、水を六〇〇リットルと多くし、ブクブクを二個入れてタンクの底に届くように置く。ただ、気温が高い日が続き、水にバクテリアなどが繁殖し、ヌルヌルするようなら途中で水を取り替える。

金魚のブクブクにかかる電気代など、一日一円もかからない。

水タンクにタネモミを浸し、金魚のブクブク（右）を利用して酸素を送り、水替えなし。福島県佐藤次幸さんの工夫

苗床の準備

苗床にする場所は水持ちがよく、なおかつ水はけもよいところが望ましい——などとよくいわれる。しかし、これはあくまでも理想であって、わざわざそういう場所をさがす人はいない。近くて作業がしやすいところが苗床になる。

育苗をする場所が、畑地や庭の一部のように乾きやすく排水のよいばあいと、イネを刈った跡の水田のように比較的水持ちのよいばあいとでは、以後の管理がちがってくる。

畑の苗床では水分不足対策

畑地の育苗では生育の中ごろから水分不足になりやすく、天気のよい日は朝と昼すぎの二回のかん水が必要となることもあるが苗は根張りがよく、草丈は短く育ちやすい。

そこで、育苗床の水持ちをよくするために、苗箱を並べる予定地に古ムシロや麻袋、籾がらなどを敷くなど工夫すると、夜間の冷え込みをも防ぐことができる。苗箱の下に古いワラを敷くと、ワラにいろいろな菌がついているので病気がでやすいと思っている人がいる。しかしこれは勘ちがいで、病気が発生するのは苗箱の土が過湿状態だからである。

田んぼでは排水と均平

田んぼでの育苗は

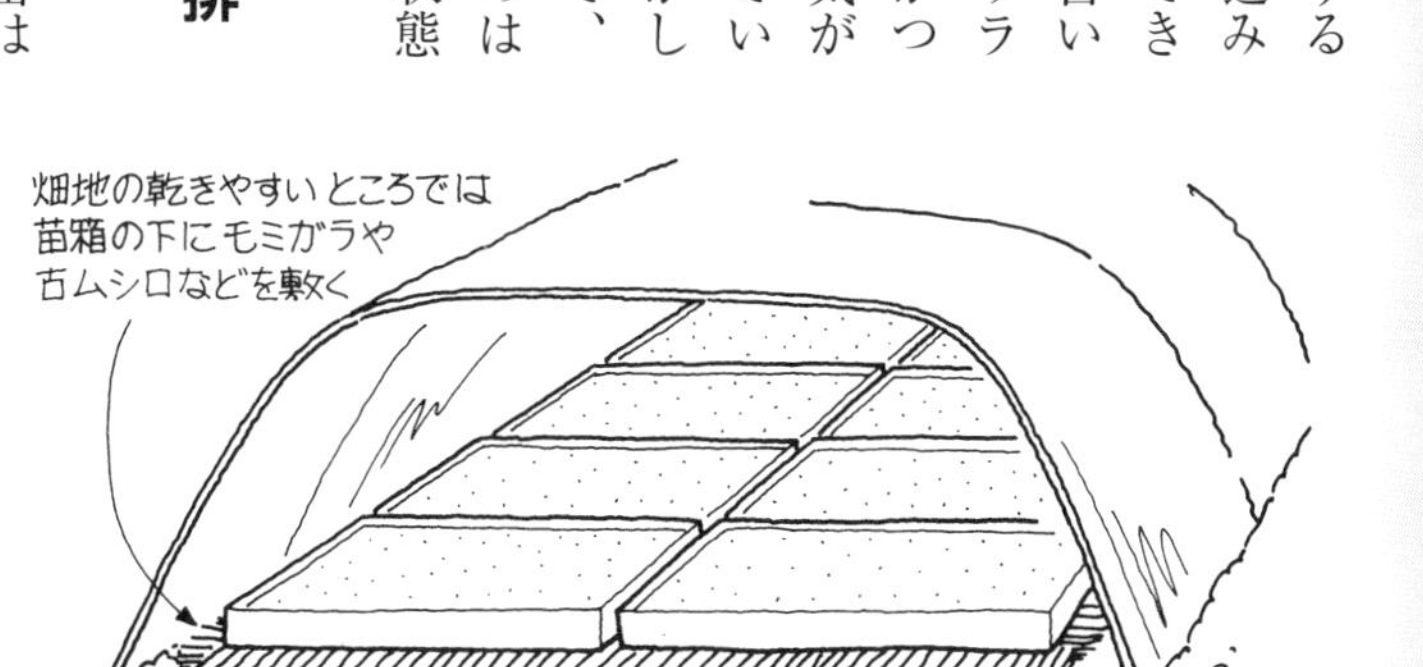

畑地の乾きやすいところでは
苗箱の下にモミガラや
古ムシロなどを敷く

苗つくり

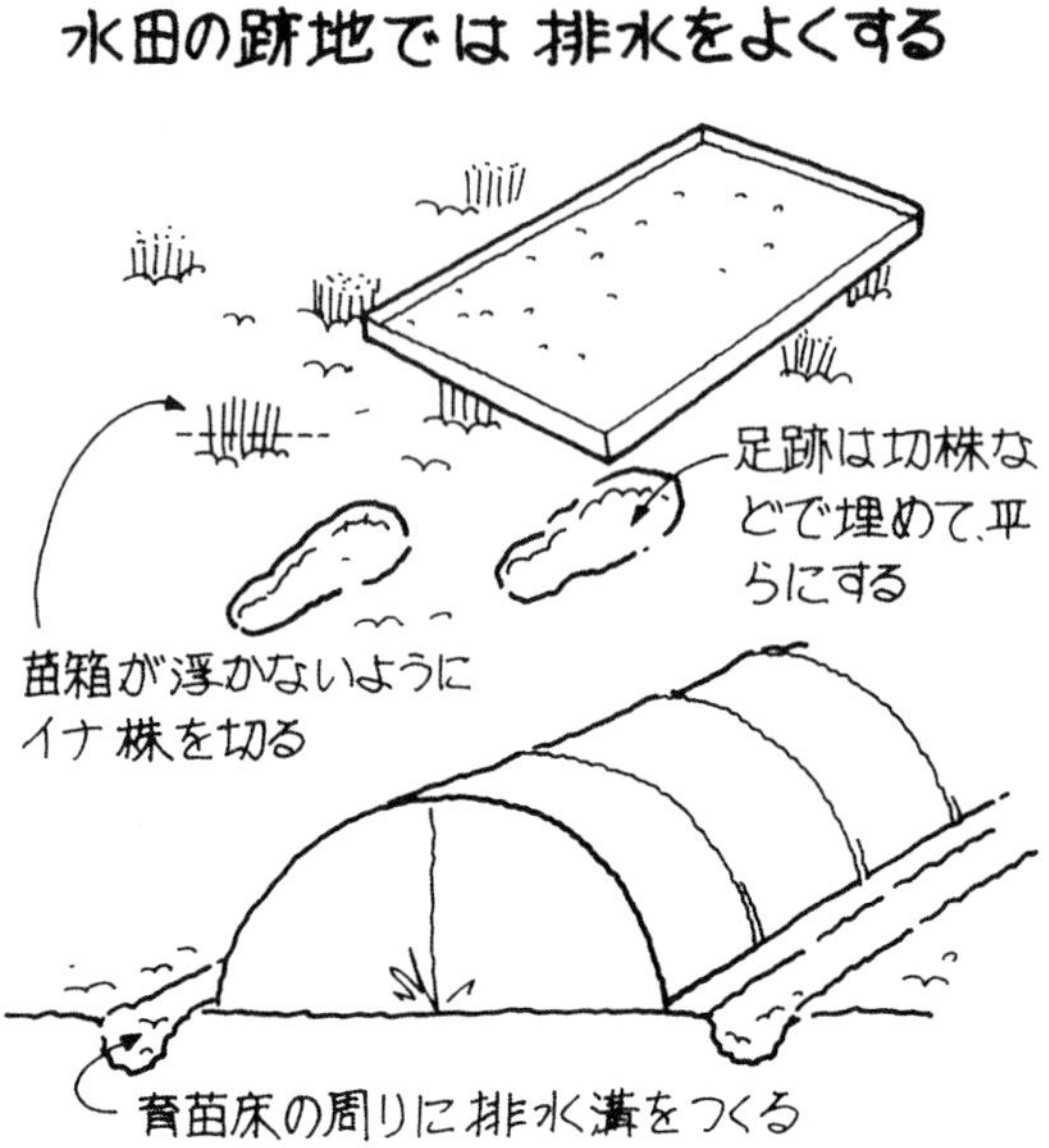
水田の跡地では 排水をよくする
足跡は切株などで埋めて平らにする
苗箱が浮かないようにイナ株を切る
育苗床の周りに排水溝をつくる

かん水の手間が省けるが、根がらみが悪く徒長した苗になりやすい。またカビが発生したり、タチガレ病など障害がでたりしやすい。

そこで、育苗床のまわりに排水溝をつくり、乾きやすいようにする。またイネの刈株を地ぎわで切り直し、足跡の穴を切りワラなどで埋め、苗箱が水平に地面に密着するよう下ごしらえをていねいにしておくと苗の育ちがそろう。

下ごしらえがよくないと、とんだ勘ちがいをすることがある。

三葉期ごろから苗が部分的に枯れてきた、タチガレ症状と思って消毒したが治らない、ということがある。こんなときは苗床のほうに原因があることが少なくない。箱を持ち上げてみると大きな足跡の穴があいていたり、切株などの上で浮き上がっていたりすることがよくある。

一万箱くらい育苗している営農組合では、秋の収穫が終わり、余裕のでたところに苗代の準備をしている。育苗予定の水田の代をかき、ていねいに均平し、田んぼの周囲に排水溝をつくり、苗床を準備している。田んぼが十分乾いていないばあいは苗床も冷たく、過湿状態になっているので、ヌキ板を二列に並べて苗箱をその上に置き、箱底が浮くように工夫する。植木鉢のように箱の底に空気が入るように気をくばる。

野菜畑は石灰類を施していることが多く、アルカリ性が強い（pH6以上）土が多い。サンドセットを三・三平方メートル（坪当り）五〇〇グラム施し、矯正する。

欠株をださないタネのまき方

薄播きしても補植を減らすには

厚播きにすれば欠株が少なく補植も減ると思っている人が多い。薄播きではそれだけ均一にまかなければ欠株がでやすい。しかし厚播きにしながら補植にかなりの手間をかけている人が多い。

厚播き苗は欠株は少ないがヒョロ長くなり、活着が悪く苗枯れしたり、除草剤の薬害も大きい。

私は、苗がほどよくでき欠株もそんなにでない播種量として、芽出しモミで一箱当たり一五〇グラム播きをしている。乾燥モミで一二〇グラムくらいである。そこで箱数を多くして一〇アール当たり二〇～二三箱準備する。

薄播きにすれば健苗ができ、しかも、田植え後も太茎のイネになる——二三ページの写真でわかるように、このことは近ごろよく理解されるようになった。

が、いざタネをまく段になると、どうしても播種量が減らせない。それは、薄播きにすると欠株が多くなると思い込んでいるからだ。欠株がふえれば田植え後の補植がたいへんになる。それならイネの生育よりもラクになるほうを、というのが人情だ。

しかし、薄播きにすれば本当に欠株がふえて、補植がたいへんになるのだろうか。

補植のときのことを考えてみよ

う。ほとんどのばあい、欠株だけでなく、本数の少なく見える株にも苗を足しているのではないだろうか。ほかの株からみるとどうしてもさびしく見える株にも補植をすれば、当然手間はかかる。

ところが、全体的に植付け本数が少なければ、補植は本当に植わっていないところにだけすればよいので、結果的には補植の作業はラクになる。しかも、薄播きで苗がしっかりできあがっていれば、各株ごとに見れば厚播きよりも植付け精度は高まることが多い。

ただし、まきムラがあっては当然欠株がふえるので、その点だけは要注意ということになるだろう。つまり、薄播きだと欠株はふえるというのは、まきムラがあればの話であって、それが解決されれば、むしろ薄播きのほうが作業がラクで、しかも生育にもよい結果が得られそうだということがわかる。

ムラのないタネまきは、時間に追われていてはできない。忙しい時期にもゆとりをもって確実なタネまきができるように、タネモミや床土の準備をきちんとすませておくことが重要になる。

最近は薄播きでもまきムラのない播種機が考案されているので、共同で利用するのもよいだろう。

■まきムラがまねく思わぬ失敗

タネが均一にまかれていないと、欠株がでるばかりか、苗つくりの手だてを誤らせるきっかけになることがある。次のような失敗はよくある。

Aさんは、今まで稚苗のバラまき育苗で一箱当たり二〇〇グラム播きだったのを、思いきって一五〇グラム播きに切り替えてみた。ふつうは播種量の八〇％を機械播きとし、残った二〇％で手直しする。しかし手直しはめんどうだと、機械だけで一箱当たり一五〇グラムをまいてしまったのである。

出芽を終え、緑化がすすむにつれてまきムラが気にかかり、本葉が展葉するころには芽伸びが不ぞろいで心配が重なってきた。そこで温度を上げれば草丈もそろってくるだろうと二重トンネルにして保温してみた。ところが水分が多くて温度が高いものだから、まるでモヤシの製造工場のようなもので、みるみるうちに伸びてきた。驚いたAさんは二重トンネルを取り外し通常の管理に切り替えてみたが、二〜三日たつと葉が巻き始め、ムレ苗が発生してしまったのである。極端な温度管理がこんな恐ろしい状態をまねくとは思いもよらなかったという。

もとはといえばムラ播きが気になっての失敗だったのだ。

■播種量の目安をつける「播種量決定ばん」

一箱当たり播種量を一二〇グラムや一五〇グラムと計画しても、これは乾いているモミでのことである。実際は比重選をして水に一〇日間も浸し、それを芽出ししたものをまくことになるので、乾いたものに比べるとタネモミは重く大きくなっている。二割から三割は量でふえているといわれるが、芽出しの程度によってもまちまちで正しくはわからない。

私は、厚紙に四平方センチ（タテ・ヨコともに二センチ）の穴を切り抜き、その中にモミが何粒落ちているかを数えることで播種量を知る「播種量決定ばん」をつくって使っている（次ページ）。

コシヒカリでモミ一〇〇〇粒の重さが二五グラムのばあいは、四平方センチに一一粒落ちていれば一箱当たり一二〇グラム播き、一四粒あれば一六〇グラム播きになる（一平方センチの穴の中に約四粒という板をつくっている人もあるが、モミの数が少なく、決め手になりにくい）。このように、モミの大きさにより一箱当たり播種量（重）の目安がつく。

なお、四平方センチの穴の中のモミの数え方は、穴の中にモミの芽の出る部分がいくつあるかを数える。

■思いきってタネまきを早くすると……

なにも、育苗器に入れる日にタネをまかなければならないというものではない。

床土の準備さえできていれば、育苗器に入れる一週間前にタネまきしても、いっこうにかまわない。

タネまきしたら、覆土し十分にかん水して、作

催芽（芽出し）のいろいろ

ノゾキ穴の中のモミ数と播種量

（ノゾキ穴は、2cm×2cmの4平方cm、播種箱は29cm×59cm）

品種	モミ重量	1箱当たり播種量（乾モミ）		
	1000粒	120g	150g	160g
コシヒカリ	25.0g	11.2粒	14.0粒	14.4粒
	25.5g	11.0粒	13.7粒	14.0粒
日本晴	26.5g	10.5粒	13.2粒	13.2粒
	27.0g	10.3粒	12.9粒	12.8粒

1箱当たりの播種量120gのコシヒカリのモミが2cm×2cmの穴に約11粒入ることだ。

そしてムラ播き状態を判断するばあいには、ノゾキ穴のモミ数を5か所ほど数えてみるとよくわかる。

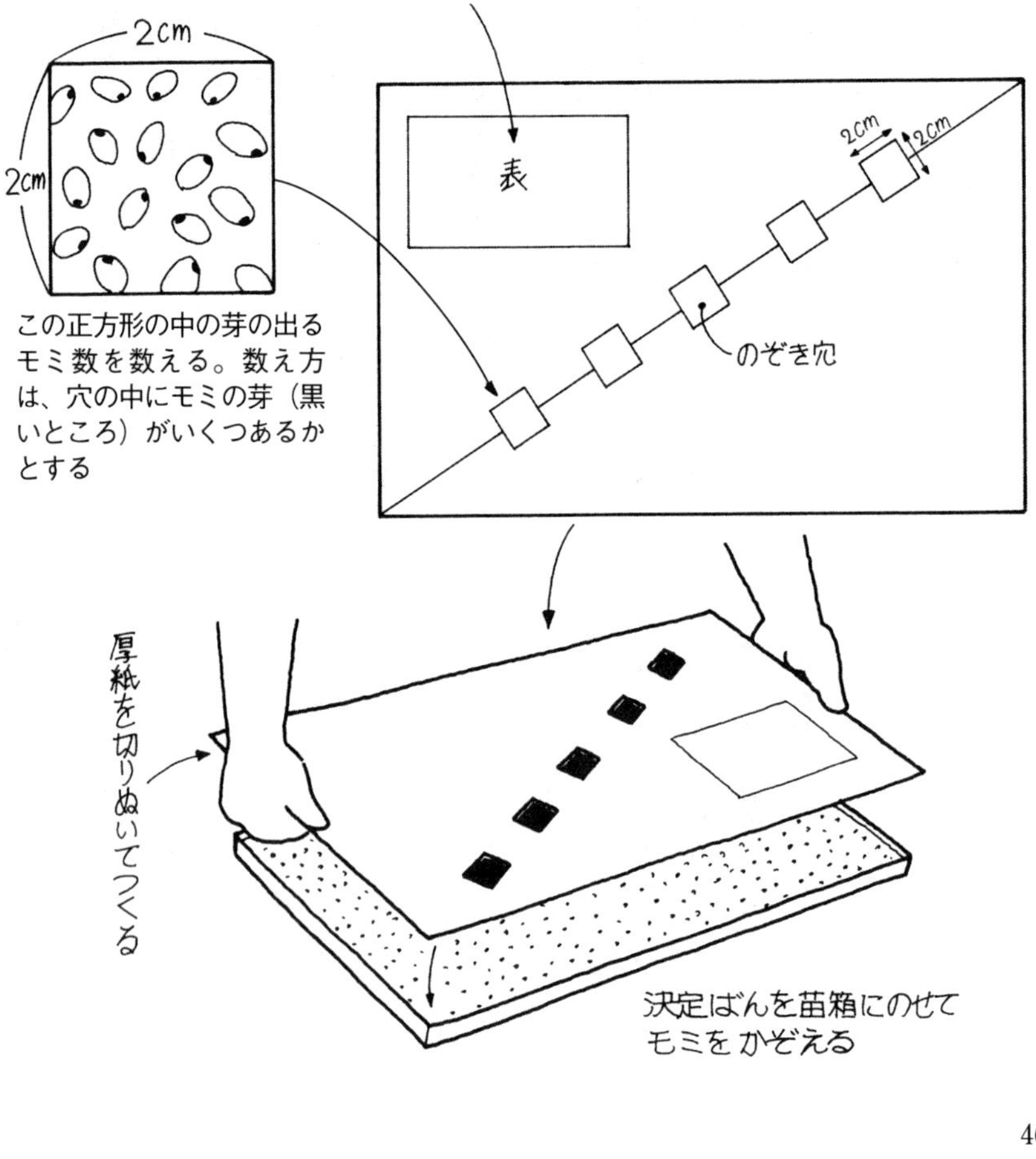
2cm
2cm
この正方形の中の芽の出るモミ数を数える。数え方は、穴の中にモミの芽（黒いところ）がいくつあるかとする
表
2cm
2cm
のぞき穴
厚紙を切りぬいてつくる
決定ばんを苗箱にのせてモミをかぞえる

苗つくり

業所か車庫などに積んでおく。このとき、乾かさないように、ビニールシートなどでおおうことを忘れてはいけない。

出芽してこないかと心配するかもしれないが、まだ気温の低い時期なので、少なくとも私の地方ではその心配はない。

なお、一週間前にタネをまくといっても、比重選、浸種、消毒は確実にすませ、当日まくばあいと同じように、ハト胸程度の芽出しモミをまく。

育苗器に入れてからの管理は、当日播きとまったく同じでよいし、苗の生育や苗質もかわりなく仕上がる。したがって、ギリギリになってからタネまきを始めて失敗するよりも、できるときにすすめておくほうが無難である。

兼業農家のばあい、日曜日など家族の協力が得られるときにタネまきする人が多い。家族そろってタネまきすれば、三〇〇箱や四〇〇箱は簡単にまけるが、育苗器が小型であれば、まいた箱を全部入れるわけにはいかない。加温開始が三日くらい遅れる苗がでてくる。ところが、それではおもしろくないということになり、大きな育苗器に買い替えたり、ハウスの中に積んだりして、同時に出芽させる人も多い。しかし、こんなことをしなくても、今まで使っていた育苗器を使って、二～三回に分けて出芽してかまわないのである。

たとえば、三〇〇箱なら一回目は中生を一五〇箱、二回目は早生と晩生の品種を一五〇箱出芽するというように、品種で使い分けるのも一つの方法である。この程度のちがいなら、田植えは同じ日でかまわない。

ただ、全箱同時に出芽させると、生育がそろうのでハウスに並べてもいっせいに同じ管理ができ、作業がしやすいという利点はある。どちらを選ぶかは、面積や労力など、各人の条件を考えて判断するとよい。

なお、床土だけなら一か月くらい前からつめてかまわない。ヒマをみてつめ、ビニールシートでおおっておけばよい。

確実で安全な出芽法

■育苗器出芽―伸びぐせをつけない

かん水、覆土が終わればいよいよ出芽である。育苗器で出芽させるばあい、朝に出せるような態勢で入れる。そのほうが育苗器から出して苗床に並べる作業がうまくいくということもあるが、育苗器から出したときの温度と育苗器の中の温度の差が少なくなるためである。

朝出そうと思ったら、前の晩の寝る前には電源を切っておく。切るときに出芽の状況をみて、芽の出方で電源を切る時間を調節する。

育苗器による出芽は三二℃の五五時間が適当だともいわれているが、三二℃では高すぎる。二八〜三〇℃で出芽させたほうが根の張りがよい。二八〜三〇℃のばあいは三二℃のときより時間がかかり、加温を六〇時間はみたほうがよい。

四月十日の午前中にタネをまき、昼に育苗器に入れ終わったとすると、三〇℃になるまでに六時間くらいかかる。十一日と、十二日の二日間を三〇℃で経過させ、十三日の朝八時ごろに育苗器から出す。

三〇℃で六〇時間も入れると芽が伸びすぎることがある。伸びるクセのついた苗は、その後どうしても徒長ぎみに育つ。十二日の夕方、出芽ぐあいを見てよく伸びているなら電源を切って温度を下げる。芽が五ミリから一センチになったところで育苗器から出す。

出芽率を重視して育苗するばあいは三二℃の四八時間でもよいが、発根力を重視して育苗するばあいは二八〜三〇℃の六〇時間のほうがよい。

前者のばあい注意しなければならないのは、夕方に入れると夕方に出すことになることである。このばあいは朝に入れる。育苗器から出そうと思った日に非常に低温で風が吹いたり雨が

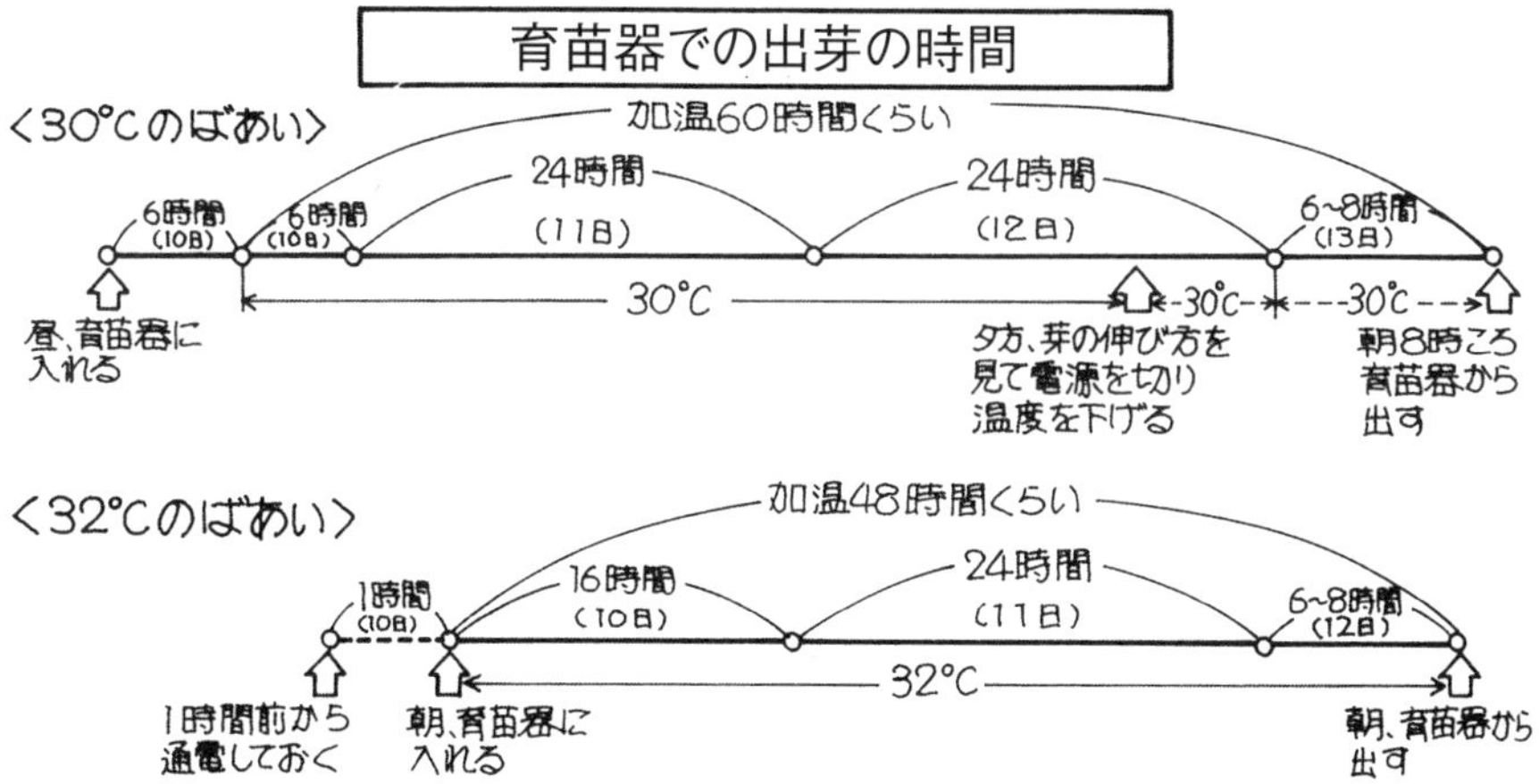
育苗器での出芽の時間
<30℃のばあい>
加温60時間くらい
6時間 (10日)
6時間 (10日)
24時間 (11日)
24時間 (12日)
6~8時間 (13日)
30℃
30℃
30℃
昼、育苗器に入れる
夕方、芽の伸び方を見て電源を切り温度を下げる
朝8時ころ育苗器から出す
<32℃のばあい>
加温48時間くらい
1時間 (10日)
16時間 (10日)
24時間 (11日)
6~8時間 (12日)
32℃
1時間前から通電しておく
朝、育苗器に入れる
朝、育苗器から出す

降ったりしているばあいには、温度を二〇℃くらいに下げてもう一日育苗器に入れておくほうがよい。また、三二℃・四八時間のほうが二八～三〇℃・六〇時間よりクモノスカビの発生が多い。クモノスカビの発生は、育苗器に入れている時間よりも、温度に大きく左右される。

育苗器なしで出芽―発芽をそろえるコツ

稚苗を、育苗器なしで育てるばあいは、おもにタネまき後トンネルに並べて出芽させるやり方と、ハウスの中に積み重ねて出芽させるやり方とがある。

トンネルのばあいは新しいビニールを使わないと地温が上がらず、発芽がそろわない。だから、できれば育苗箱の上に有孔ポリをかける。

ハウスの中で苗箱を積み重ねて出芽させるばあいは、五～六箱以上は積み上げないようにする。

苗箱を一〇段以上多く積み上げると上の部分と、下の部分の温度差が大きく、上の箱は芽が伸びていても、下の箱は芽も動いていない。苗箱全体の出芽がそろわない。

そして、積み重ねた上の三～四枚の苗箱の芽がよく伸びて箱がひっくり返っていることがある。

苗出し時の注意点

こんなときは苗出しをあきらめる！

育苗センターではよく、朝の出勤前にみんな総出で育苗器から苗箱を搬出し、苗床に並べている。個人でも出勤前に苗を出すばあいがある。どちらのばあいも幼い苗に急激な温度の変化を与えることになる。人間の都合ばかりでなく、苗の立場にもなってみたい。

予定どおり出芽したからということで、霜の降りた気温の低い朝でも雨が降っている日でも、苗床に苗箱を出している人を見かける。幼い苗は環境の急激な変化に弱い。育苗器で加温された状態から無加温の苗床にいきなり出されるのは、苗にとってはたいへんつらい。そこで作業場や車庫に苗を積み重ね、乾かないようにビニールシートなどでおおってやる。そして天気がよくなってから苗床に移すように気くばりしたい。

苗出しは朝食前の早い時間から始めるより、出勤前ギリギリの、少しでも気温が上がった時間から作業を始めるほうがよい。

天気が悪く苗出しを一日延ばしても、あまり大きな影響はない。

このときもかん水を省くとずいぶん作業がはかどる。また出勤時間になって一部の人が引き上げても、主要な作業は終わっているので、かん水がなければ残った人たちでラクにこなせる。

苗出し直後のかん水は百害あって一利なし

暖かい育苗器から赤ちゃん苗箱を出して寒い外

気に当て、そのうえ冷たい水を頭からたっぷりとかける。これでは出芽したばかりの苗はカゼをひき、苗箱の地温を下げてしまう。はじめにかん水をたっぷりされた苗箱は、かん水しなかった苗箱に比べると、根の伸びはずいぶん悪いし、カビの発生も多く、障害にもあいやすい。

ふつう、苗箱を並べてカンレイシャやビニールでおおったら、五～六日はそのままにしておく。そのため、はじめに水を十分やっておかないと水不足で土が乾くと思っている人が多い。しかし、幼い苗はそんなに水分を必要としない。また水分がほしくなれば自分で根を伸ばして水をさがすのでかえって根張りがよくなる。初期の根張りがその後の生育のカギをにぎる。

私は畑地のよく乾くところで育苗しているので、苗箱の上に有孔ポリを直接ベタがけしている。四～五日たってはずしているが、通気性がありながら床土の水分がツユとなってポリの内側につき、また落ちるので水分不足は起こらず、発芽ぞろいもじつによい。

これまで新聞紙、油紙、ラブシートを使ってみたが、有孔ポリは失敗もなく最もよかった。

覆土の持ち上がりは気にしない

育苗器から出してみると幼い芽が覆土を持ち上げていることがよくある。かん水してこの覆土を落としている人がいるが、このかん水が苗箱の中の水分を過剰にし、根の伸びを悪くしている。

箱を並べて四～五日もすると、おおった土は乾いてくる。ホウキで払えば簡単に落ちるし、このときのかん水でわけなく落ちつく。覆土が黒いので落とさないと芽が焼けると思っている人もいるが、そんなことはない。持ち上げられた覆土を水でムリ

に落とすことはしないで、待つこと。

覆土の持ち上げをいちいちかん水して落とすのは、育苗センターや規模の大きい農家ではたいへんな作業である。しかしこのかん水作業を省き、四～五日後の暖かい日にかん水すると作業面でじつに助かる。そのうえ苗の障害がでない。一石二鳥である。

カビ予防剤がかん水過多をまねく

育苗床に苗箱を並べてかん水し、そのうえ、よくカビが生え病気になるからと、予防の意味でダコレートの五〇〇倍液を一箱当たり五〇〇ccかん注する――これをあたりまえのように考えている人が多いが、かえって過湿状態をつくりだし、障害苗を毎年だしてしまうことになる。

これはダコレートをかん注したことが障害の原因ではない。その前のかん水だけでもよくないのに、さらにかん注で過湿にしていることが問題なのだ。薬をやるならば、薬液だけを施して、かん水はやめるべきだ。

草丈よりも根張り―かん水はひかえめに

田植機を運転していて苗がうまく植わらないときは、苗の根張りが悪いばあいが多い。

私は根張りをよくするため、育苗のとき極力かん水を減らすようにしている。そのことでよく母ちゃんと対立する。

朝と夕方たっぷりとかん水しないと苗が伸びない、短い苗は田植えしても水にもぐってしまうというのである。しかし水をひかえめにすると、苗は水を求めて根を伸ばし、かえって根張りがよくなる。

根張りより草丈だ、葉が巻いているのに水をやらなければ枯れてしまって元も子もないと母ちゃんはいう。しかし、夕方葉先に露玉（水玉）ができれば枯れる心配はないのでかん水しなくてもよい。

私は本葉二・五枚で草丈一二～一三センチの仕上がり苗を青写真に描いて育てているが、根の伸びのよしあしはこの時点のかん水のやり方で大きな差が出る。

育苗器から出して三日間(緑化期)の管理

緑化期とは、育苗器から出芽苗を出してから三日間ほどの期間で、白かった芽が緑色になるまでの間をさす。この三日間は、ハウスなどに芽出しした苗箱を並べ、箱の上にラブシートかカンレイシャをかけて、芽を強い光線から守り、また急激な低温にあわせないようにする。

ハウスの中の温度は、昼間は二〇～三〇℃、夜は一〇～一五℃を保つように心がける。

ハウス内の温度が三〇℃以上になったときには換気して温度を下げるが、幼苗に風が直接当たらないように留意する。

■換気をするなら朝一番に

換気は第一本葉の葉鞘長が三・五～四センチに伸びたころから始める。

天気がよく、日中気温が上がると予想されるとき、ビニールの二枚かけ合わせのトンネルなら、合わせ目をところどころあけておく。一枚もののビニールはスソをところどころあける。カンレイシャはそのままおおっておくと風を防いでくれて換気もできるので便利だ。

日の出とともにトンネルの中の温度は急に上がってくる。しかし外気温は急には上がらない。トンネル内の温度が上がってからビニールをあけると、外の冷たい空気が暖まった苗に当

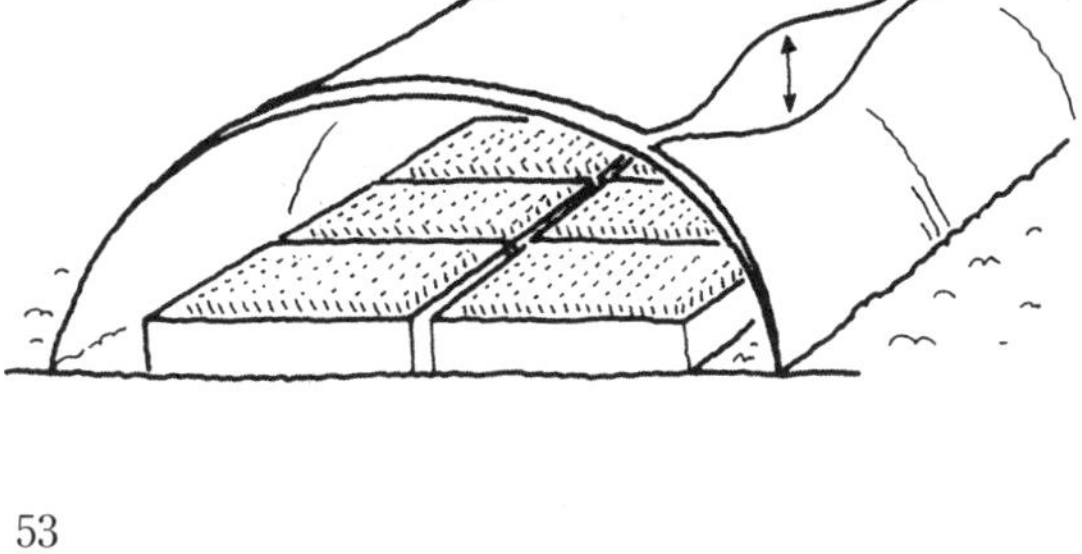

育苗中の温度管理の目安

		緑化期	硬化期
育苗期間		3日程度	15～17日間
ハウス内温度	昼	20～30℃	20～25℃
	夜	10～15℃	10℃以上

たって、カゼをひいたようになる。だからビニールはトンネル内の温度が上がる前の出勤前にあけてやる。夕方はトンネル内の温度が高いうちの四～五時にビニールやコモなどでおおい、夜間の保温につとめる。

曇りの日は、コモなど遮光資材をかけっぱなしにしておくと、温度が下がりすぎる。とくに雨の日が続くと温度が下がり、それに過湿となり障害がでやすいし、根が伸びない。

緑化のはじめころは、苗が小さいので高温にはわりに強いが低温に弱い。私はハウスの中へ石油ストーブを入れ、明朝冷え込むと予想されたときに燃やしている。

■保温のつもりの被覆が軟弱苗に

平床トンネル育苗で、芽出し苗を並べたあと、保温のためビニールの上にコモをかけた。しかし、コモが少し足りなかったので古くなったビニール製の上敷き（座敷などタタミの上に敷いていたもの）をかけた。ところが上敷きをかけたトンネル内はまっ暗なため苗が緑化せず、真っ白でモヤシのように芽が伸びた例がある。よく似た例では、ハウス育苗で、ビニールの上を農作業や雨よけなどに使うビニールシートや遮光被覆資材で一日中おおい、天気のよい日ハウス内の温度が上がらないように工夫したつもりの人を多く見受ける。しかし光線のとおりが悪いために徒長し、やわらかい苗に育っていることが多い。

気温が上がったときには、ハウスのヨコ側の腰のビニールと天井のビニールの合わせ目をあけて換気するとよい。このばあい風下をあけるようにする。

■ラブシートのかけすぎで葉先枯れ

Kさんは育苗センターから芽出し苗を買ってハウスで育てている。「芽は少し伸びたものの緑化せず、ハウスの中央に並べた箱は芽が枯れ始めた」とKさんから連絡があった。

Kさんは芽出し苗の保温用にラブシートを使い、カンレイシャや有孔ポリと同じように苗箱に直接かけた。ところがその後寒い日が続いたので寒さから守るつもりで一週間そのままにしておいた。そのため、苗の葉先にできるツユ（露玉）をラブシートが吸って水分不足になって枯れたのだった。育苗器から出して二〜三日おおったあとはラブシートを取り外すか、弓竹か針金を張って苗から浮かして被覆することだ。

■ビニールのかけ方で葉焼け、水分不足

トンネル育苗のとき、同じビニールを三年くらい使うと光のとおりが悪くなる。同時に、トンネルの内側につく水滴は大きくなり数も減ってくる。こうなると、苗は葉焼けや水分不足になりやすい。

新しいビニールで被覆するときは、はじめ外側にした面は翌年も必ずその面を外側にして張る。わざわざ前の年外側にした面を次の年は内側になるように、交互に被覆する人もいるが、これでは水滴の付着のしかたがずいぶん変わり、葉やけや水分不足になりやすい。

ビニールにマジックなどで「表」「裏」と書いておき、内側に決めた面はそれ以降必ず内側になるようにするとよい。水滴は小さい水玉が無数にできるのがよい。

■苗が真っ白で緑にならない（白化現象）

稚苗が育った中で、全体が真っ白な苗ができることがある。これは、緑化期間に苗が強い太陽光線を浴びて葉緑素がつくられなかったからで、白化現象と呼ばれている。そんな苗は、その後大きく育つことができず枯死してしまう。

■思いやりの夕方かん水は迷惑千万

換気をし、風を入れると苗箱はよく乾く。家にいたのに苗を枯らしては若い人に悪いからと、善意で朝と夕方、日に二回必ずかん水するお年寄りが多い。しかし夕方のかん水はしてはいけない。

かん水は朝のうちに、床土全体に水がしみわたるようたっぷりとやる。夕方になって苗の葉先に

ツユがいっせいにつくようなら水分状態がよい証拠である。

箱にタネをまき覆土したあと、箱の上部に五ミリくらいの深さの余裕をつくるのは、かん水のとき水がたまって、床土にしっかりと水がしみわたるようにさせるためでもある。床土が箱いっぱいで水がふちから流れだすばあいは、しばらく間をおいて二度まきにし、よくしみこませる。

午後、とくに夕方のかん水は、たとえしおれ始めても絶対にやらないで翌朝まで待つ。

根を床上に広く伸ばして吸水させることが根づくりになるので、かん水をなるべくひかえ、新根の発達をよくし、自分で水をさがし吸水するように育てる。かん水の回数を多くすると根を甘えさせることになり、細根が過湿で伸びなくなる。

ただ、箱の周囲や隅、ハウスの入口付近は乾くので、苗の姿、床土の表面をよく見てかん水する。

バアちゃん
朝だけに
しとくれよ!!

☘ 作業ワンヒント

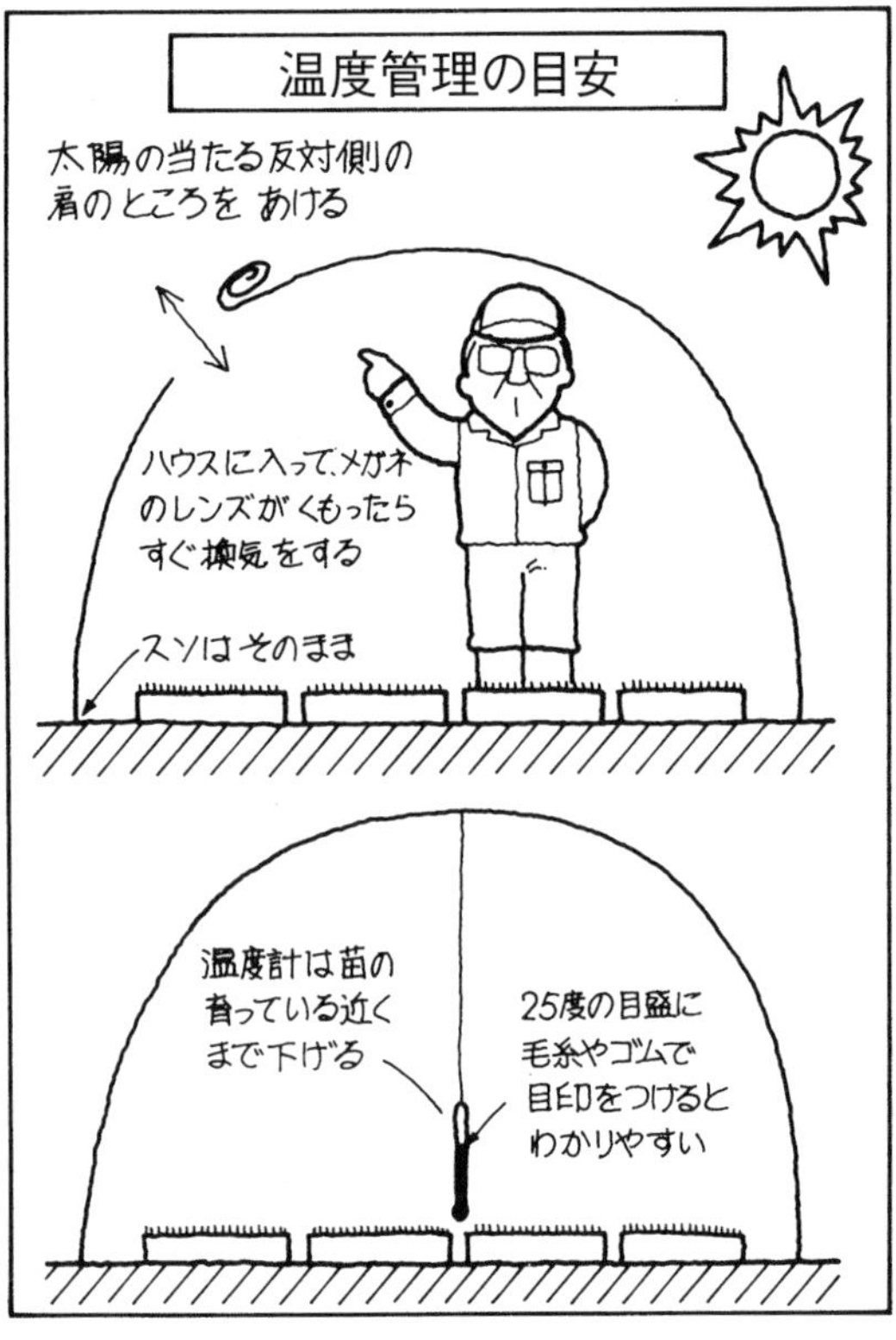
温度管理の目安
太陽の当たる反対側の
肩のところを あける
ハウスに入って、メガネ
のレンズがくもったら
すぐ換気をする
スソはそのまま
温度計は苗の
育っている近く
まで下げる
25度の目盛に
毛糸やゴムで
目印をつけると
わかりやすい

緑化期終えて一五〜一七日間（硬化期）の管理

硬化期は、緑化期が終わってからの一五〜一七日間をさす。この期間の管理しだいで、活着のよい健苗に育つか、徒長した軟弱な苗に育つかが決まる。ハウス内の温度管理、床土が乾きすぎないようにかん水も行なう。

ハウス内の温度は、昼間は二〇〜二五℃、夜間は一〇℃以上を目安とする。くれぐれも三〇℃以上にはならないように、十分注意する。

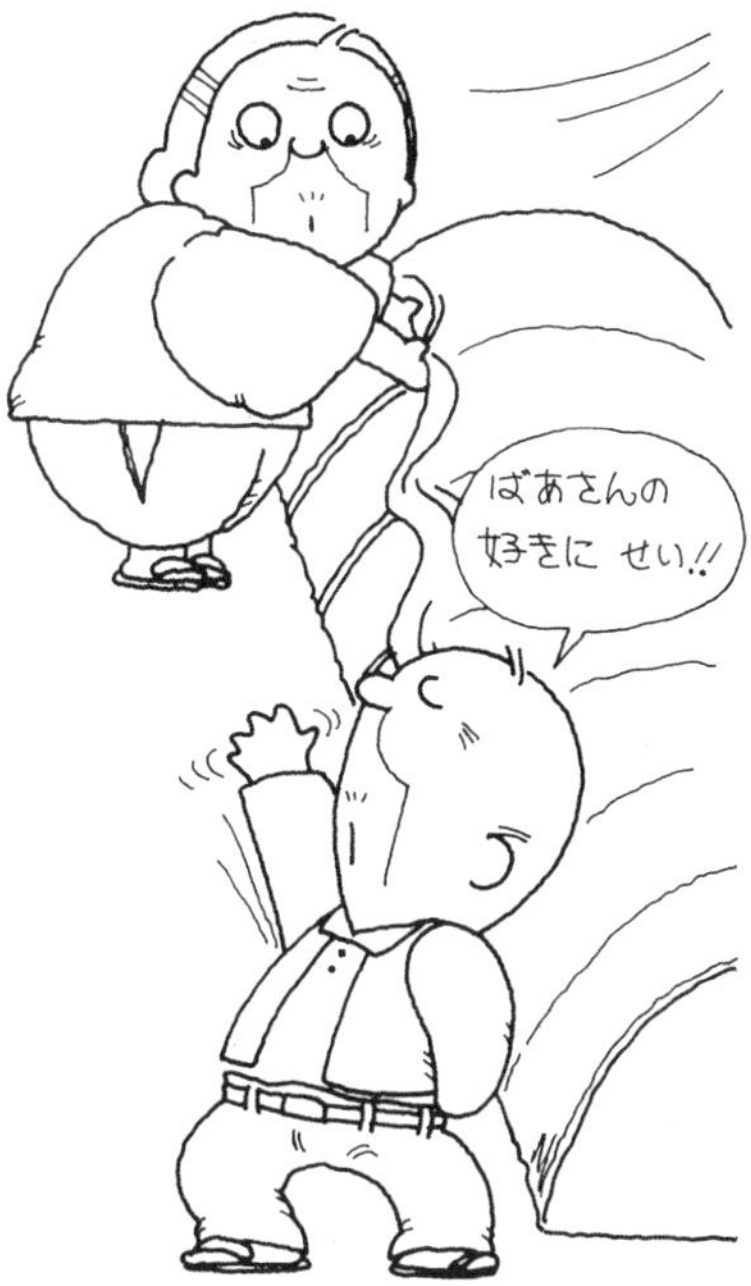

■留守番の人への管理の伝言法

硬化期に入ると天候や気温に応じて換気し、温度調節に気をくばらなければならないので、留守番の人への伝言もむずかしくなる。

よい天気になりそうな日は朝八時ごろからトンネルのビニールは全開にし、カンレイシャの開閉で調節する。ハウスは腰のビニールを下げる。

日中、気温が高いのに強風が吹くとき、トンネルを閉めるほうがよいのか、あけたままにしておくほうがよいのか、お年寄りが判断に困る場面がある。

あけていると苗がバサバサたたかれ、閉めると中の温度が上がる。同じ強い風でも風向きによって対処のしかたは異なる。南風は空気が湿っているので、ビニールを飛ばされないように縄などで押さえて、風下のスソだけをあけておく。西風の強い日はたいてい寒いから、ビニールを被覆しておく。

田植えの四～五日前になれば、翌朝霜の降りる心配や強風が吹かないかぎり、夜間もビニールをはずして外気にならす。

昼ごろに葉がしおれたときの打つ手

かん水は必ず朝のうちに。午後しおれても、夕方葉先にツユがつくかぎり一日一回だけにする。

ただし、昼から午後一時ころまでに葉がしおれるようならばかん水が必要で、三時すぎにしおれたものはそのままにして翌朝かけてやる。朝にたっぷりかん水し、夕方には土の表面が乾いた感じになるのがよい。また、日中、風が強くて床土が白く乾くようなときにはいつでもかん水する。

かん水代わりに雨に当てている人がいるが、雨水は思ったより冷たく、地温を下げるので注意する。

暖かくて風のある日が困る。フェーンのときは日に三～四回、カンレイシャの上からかん水する。

ハウスでは思いきった換気で

ハウスでの育苗は後期が危ない。生育の前期二・五葉期ごろまでは管理がラクだし、苗も順調に育つが、注意が必要なのは後期だ。苗箱をハウス内に並べて一〇日間くらいは苗の出来がよいが、後期には日中温度が上がりやすく、夜間もそんなに温度が下がらないので徒長しやすい。だから後期に思いきってビニールをあけ、換気を強くする必要がある。

☘ 作業ワンヒント

曲がったハウスのパイプを伸ばす法

風などでハウスのパイプが曲ったとき、パイプはなかなかうまく伸ばせないものだが、こんなときコンクリートのU字溝を利用すれば案外うまく伸ばすことができる

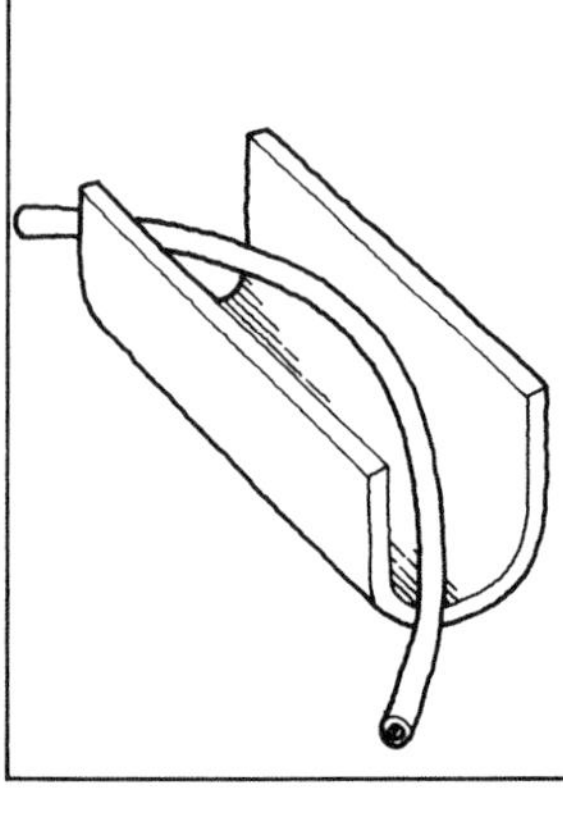

苗を徒長させないテクニック

■苗踏みで徒長を防ぐ

立山町の山崎優さんは、『現代農業』を読んで苗踏みを実行した。田植えを頼まれた田んぼの面積がふえて田植え期間が長くなり、しだいに気温も上がってくる。苗の徒長が心配されたので、山崎さんは、苗の二葉目の葉耳が出るころ苗踏みを行なった。まだ幼い苗の上に丸太を乗せ、それに縄をつけておそるおそる引っ張ってみた。枯れるのではないかと心配したが、踏まれ、押されて折れた苗でも枯れることはなかった。苗踏みをしたせいか苗は徒長せず、根張りがいい苗に育ってくれた。

次の年からは、育つにまかせておくと伸びすぎる心配があるときは、自信を持って苗踏みをすることにした。

■朝、葉先のツユを落とす

苗の徒長を防ぐのに、朝、葉先についているツユを払い落とす方法がある。

ハウスの向こう側にヒモを結び、これを引っ張って葉先に着いているツユを払う。細い棒でもよい。これを毎朝三日間続ける。一度ツユを払ったのに再び結露したものはそのままにする。

しかし、葉先のツユ払いを四日、五日と続けると、苗が葉先から枯れてくるので、三日間以上は続けないこと。

代かきは田植え名人への試金石

■うまく植えるには土のかたさが大切

倒れている苗の株元を手で探ると、よく古いイナ株やかたいものがある。そのために、苗がささらないことが多い。田面が高く表土がかたくしまったところは、植え穴がふさがらないために浮き苗になり欠株となる。それを左右するのが代かきである。

土のかたさが適当でないと、植えられた苗の姿勢が悪くなったり、深植えになったり、生きるはずの分けつが死んだりする。土がやわらかすぎると、フロート式の田植機のばあいは沈んでしまい、土がかたすぎると浅植えになり、あとで水を入れたときに浮き苗が多くなる。

土のかたさは、植えたあと車輪の跡や足の跡が水を入れても残っている程度にする。手植えのころよりわずかにかたくし、指先ですじを引いても埋め戻らないかたさをメドにする。代かき後四～五日おいて、田植えの前日の夕方に水を落としてから田植えする。

■圃場整備直後の苦い経験

私の田は、圃場整備の初年度ブルドーザーで代かきが行なわれたので、耕盤が安定していなかった。そのうえ、田の表面はかたいようでもいざ田植えのときになると田植機は沈んでしまう。代かき後七～一〇日目に田植機を入れたが、うまくすすまず、条間も広

がってしまった。土が安定した今では、三〇メートル幅の圃場にアゼの幅を除くと約九六条植わる。ところが圃場整備の初年度は八〇条から八六条しか植わらなかった苦い経験がある。

どんなに田植機の性能がよくなろうが、下地である代かきが悪ければ田植えした苗の活着が大きく遅れる。田植えはいちばんデリケートな作業である。イナ株や雑草、ワラなどを少なくとも四～五センチは土中に埋め込むことが、植付け精度を高め欠株をなくすことになる。

圃場を均平にすれば水管理は容易になり、田植えがしやすくなる。均平がよいと全面の水深が一様になって、植えた苗の育つ環境もそろう。

■代かきは田植え三～四日前に

どうしてもふれておかなければならないのが、代かき後すぐに田植えしていることである。代をかきすぎているうえにすぐに田植えをしているので、深植えになるなどの問題が起きている。代かきと田植えの間隔が二日しかない。ひどい人は代かき翌日にはもう田植えをしている。

元肥をふるヒマがないものだから、植えたあとにやっている。田面がやわらかすぎてたいへんだと思うのだが、土の落ちつくのを待たないで強行してしまう。ウネが曲がったり、深植えになったり、除草剤の薬害がでたりすることなど平気なようだ。植えればなんとかなるという感じが強い。

田んぼによってちがうが、ふつうは四日くらいおいたほうがよい。しかし、実際には二日くらいで植えてしまっているのが一般的だ。砂土の田んぼでないならば、代かき後、表土がしまるには時間がかかる。代かきと田植えの間隔が二日では短いので、四日くらいおくような段取りにしたい。

田のデコボコを直す

二六ページの表のように、田んぼの下ごしらえ作業は、育苗作業と並行してすすむ。三月中・下旬の堆肥まき→下旬の枯れ草焼きと農道・用排水路の整備→四月上旬の高低直し→中旬の田起こし→下旬の入水・元肥施肥・アゼ草刈り→そして五月上旬の荒代かきと植え代かき→中旬の田植え、と、息をつくヒマもない。この忙しさを乗り切るには、段取りよくいかにスピードを上げて正確な作業をこなしていくかだ。

目的は、田植えがスムーズにできて、活着がいい田んぼの状態をつくること。苗が田植機でうまく植えられるかどうかは、田んぼの均平と、田面のかたさ、この二つの要素で決まる。

均平の手抜きは運命を左右する

一枚の田んぼで、いちばん高いところと低いところの差が一〇センチ以上あると、田植えしてから苦労する。稚苗の草丈が一二～一三センチ。そのうち二センチは土の中に植え込まれるので、低いところの苗は完全にもぐってしまうし、高いところの苗は全体が露出する。そんな状態だから、田植えしてからの生育はバラバラになってしまう。

低いところに植えられたイネは、茶褐色に変色して死んでしまったり、ヒョロヒョロと長く徒長して分けつが遅れたり、除草剤の薬害（薬剤は低いところへ集まりやすいため）をうけたり、イネハモグリバエの被害をうけたりしやすくなる。

反対に高いところに植えられたイネは完全に露出しているため、水による保温効果どころか、土がもっていた温度まで奪われるありさまだ。イネの生育がすすまないのは当然で、雑草だけが勢いよく生えそろい、除草に苦労することになる。

このように、田んぼの均平ひとつで肥料や除草剤の効き方に大きな差がでてくるのだ。転作でムギやダイズ、野菜などをウネ立て栽培した跡の田のばあいなどは、とくに問題が多い。

私は、田んぼの高低差はプラス・マイナス四センチが限界と考えて、毎年少しずつ均平になるようにしている。

■基盤整備田は土を動かすより客土

田を平らにするいちばん簡単な方法は、一枚の田んぼのうち高い部分の土を掘り取って低いところに運ぶ方法だ。しかし、この方法は基盤整備してそう年月がたっていない田んぼには不向きである。そんな田んぼの高い部分は耕土が浅いところが多く、低い部分は耕盤が安定していない。一枚の田んぼの中で土を移したのでは、かえって土のバラツキが大きくなるからだ。

私は、一枚の田の中で土を移動させるよりも、客土して均平にするほうがよいと思っている。それで、山砂を買って、低くて軟弱なところに運び入れる方法をとっている。

近いところは一輪車でこまめに土を運び、遠くて量の多いばあいはトラクターにアタッチメントをつけて土を運ぶ。トラクターの耕うん部をはずし、堆肥運搬や除雪に使うダンプをつけて利用している。一〇トンダンプ一台分の山砂が、トラクターのダンプ約五〇杯分にあたる。

田んぼの均平作業は、秋から春先、心にゆとりがあるときにやりたい。耕起前、土の湿りぐあいで田んぼの低いところがわかる時期にやるのがコツだ。

近くは
一輪車で
こまめに!!
遠くて量が多い
ときはトラクターで!!

田起こしをラクに

■小型のトラクターでも能率を上げるコツ

一五馬力のトラクターに、一二〇センチ幅の耕うん刃をつけて耕起している私は、できるだけ深く起こし、土塊が大きくなるように耕す。つまり、「一〜二速の低速前進」と「いちばん遅い耕うん刃（ロータリー）回転」で田起こしを行なうのである。

田起こしの目的は次のように考えている。①深耕して空気を土の中へ深く入れる、②ワラを土とよく混ぜる、③イネの根張り容積を大きくする、④元肥などの肥料分を全層に薄く入れる。——そのためには、低速・低回転での深耕でなければならないわけだ。そして、代かき水を入れるまでに土を風化させる。

この作業を能率よく行なうには、田んぼの土が乾くまで待って耕起すること。私の地域ではだいたい四月十五日になる。土が乾くまで待つのは損なようだが、耕す深さが一定になり、耕盤が安定するという利点があり、田植えのときに生きてくる。田植機が傾いたり沈んだりしないし、操作もラクである。

低速・低回転の深耕でも、一ヘクタールくらいの面積なら、朝や夕方、土曜、日曜を利用するだけで十分にやれる。

■残耕をださない耕し方

田起こし作業で気をつけることは、「残耕を減らす」「耕深を一定にする」という二点である。残耕の事後処理はたいてい母ちゃんたちの仕事だ。こんな重労働は母ちゃんにやらせず機械でビシッと決めたい。

私のやり方は図（次ページ）のとおり。まず、田んぼの進入路からアゼ沿いに長い辺を

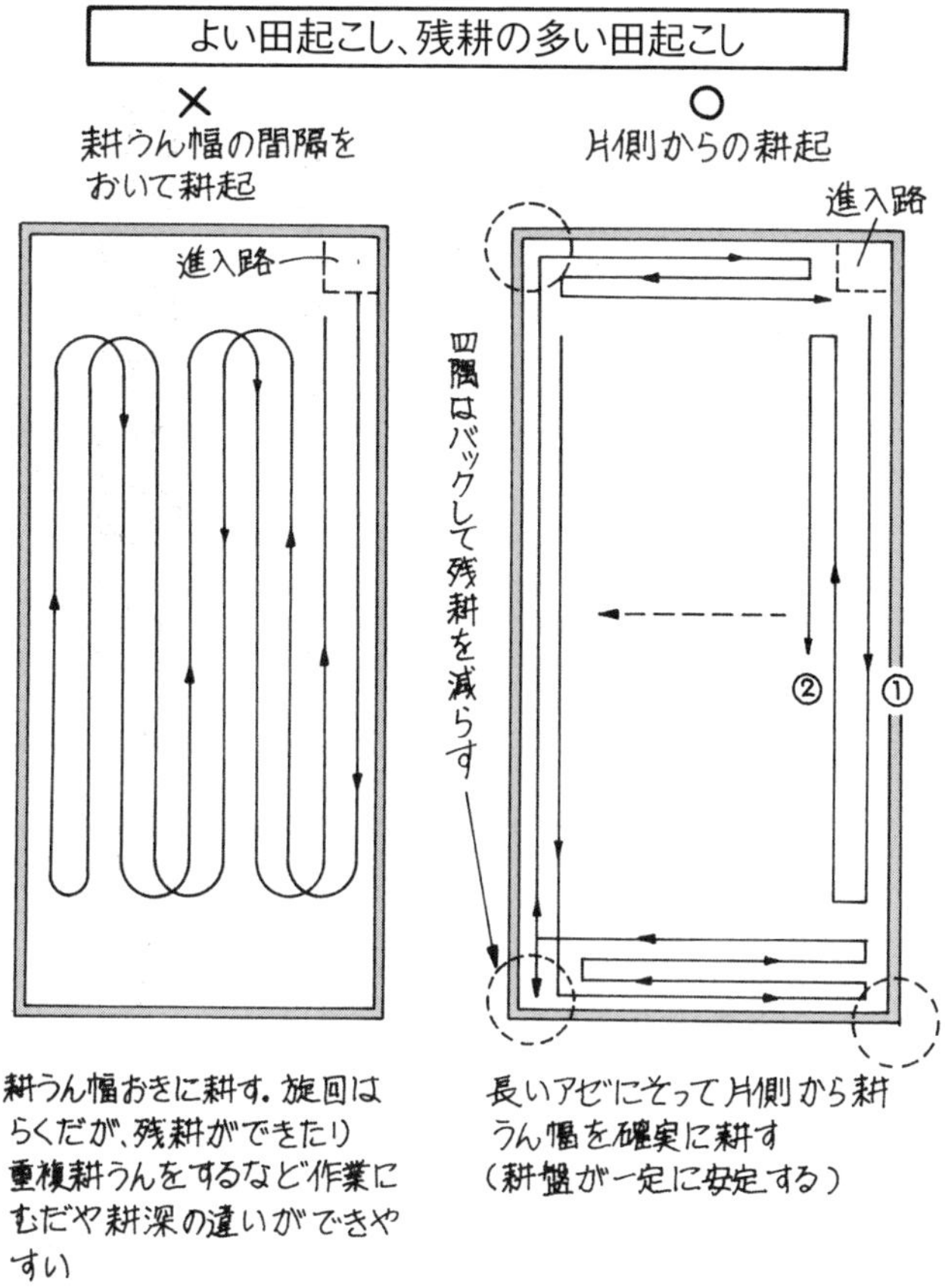
よい田起こし、残耕の多い田起こし
×
耕うん幅の間隔をおいて耕起
進入路
耕うん幅おきに耕す。旋回はらくだが、残耕ができたり重複耕うんをするなど作業にむだや耕深の違いができやすい
○
片側からの耕起
進入路
四隅はバックして残耕を減らす
②
①
長いアゼにそって片側から耕うん幅を確実に耕す（耕盤が一定に安定する）

耕していき（図中の①）、枕地を二往復分（耕うん幅一二〇センチの刃なら四八〇センチ）残して急旋回し、①で耕した部分に沿って耕していく（図中②）。

このとき注意するのは、前車輪を耕した部分に落とさないことである。耕深が一定にならなくなるからだ。水平自動制御装置（モンロー）が装備されている今のトラクターでも同じである。

それに加えて、一定の耕うん幅を確実に耕していくこと、残耕のできやすい四隅の部分はとくに速度を落とし、アゼぎわまで慎重にバックして、ギリギリまで機械で耕すことである。最近は、アゼぎわまでほぼ完全に耕起できるように、尾輪が上向く装置が付けられていたり、取り外しができるものがあるので非常に便利だ。

蛇足ながら、耕うん途中で刃がガチャッと石などに当たったときは、すぐにトラクターを停めて石をさがし、それを運び出すことをおすすめしたい。急いでいるとこうしたゆとりがもてず、毎年同じところで耕うん刃を折っている人があるので念のため。

代かきのポイント

■なぜ代を〝かきすぎ〟るのか

代かき作業でいちばん問題になっているのが、代の〝かきすぎ〟だ。とくにトラクターによる代かき作業で多い。土を練りすぎると、土の中が酸素不足になり、苗の活着や根張りが悪くなるし、イネの生育がすすむにつれて、根ぐされを起こす原因になるからだ。

なぜ、代をかきすぎるのか？

①代かきのときに田んぼを均平にしようとするため、何回も歩きすぎる。

②ワラや雑草が浮いてくるため、それを埋め込もうとして土を練りすぎる。

③代かきするとき、水を深く張ると田んぼの高低がわからなくなり、つい浅水にしがちだ。浅水だと土がやわらかくなりにくく、歩く回数が多くなって練りすぎになる。

④トラクターが旋回するときに土を大きくえぐるため、それを直そうとして練りすぎてしまう。枕地に多い。

⑤田植えの直前になって耕起・代かきをするとき。気持ちがあせっているせいか、必ずといってよいほど練りすぎになっている。

■思ったより大きい荒代の効果

私のばあいは、最近は荒代かきと植え代かきの二回に分けて行なっている。

①耕起から入水まで一週間以上の間隔をおく。乾土効果をねらうためだ。

②入水四～五日たつと、風化した土塊に水がよくしみ込む。その時期が荒代かきの適期。

③まず、土が八割くらい水面から出る程度まで水を落とす。耕起の方向と直角（つまり田んぼの短辺方向）に、代かきする。このとき、ワラや雑

草が浮かないように埋め込む。

水からの土の出方によって田んぼの高低差がわかり、耕起のときと直角に代をかくことによって、耕起時期の均平ムラを手直しできることになる。

④荒代をかいたあと、アゼを回って水もれを調べる。荒代かきで水が濁るため、水路などに流れ出るのがわかり、簡単に水もれを見つけることができるし、アゼの補修もあわてずに早くからできるという利点がある。

植え代は荒代と直角方向でかく

植え代かきは、田植えの三～四日前である。作

代をかきすぎる"5つの原因"

田んぼを均平にしようとするため歩きすぎる
ワラや雑草を埋め込もうとして土を練りすぎる
水を浅くしてやると軟らかくなりにくいので何回もやって練りすぎる
ヤレかけ!!
ソレかけ!!
田植えの直前でアセっているので練りすぎてしまう
トラクターで大きくえぐった土を直そうとして練りすぎる

酸素
ウ!ウ!
くるしい!!

付けする田んぼから順々に分けて行なう。

代のかき方は、荒代と直角の方向（耕起と同じ方向）。長い辺をロータリーを浮かすような感じで上げ、覆い板は下げて浮ワラなどを防ぐ。土の表層だけを耕すようにするのがコツだ。このとき、均平作業を兼ねて、トラクターの後に四メートルくらいの角材を取り付けて引っ張るようにする。

代かきローターを使えば、上層部の土がおもになれ、下層の土はゴロゴロしたままで、イネつくりには理想的だ。後ろの覆い板を下げて、それを立てた状態で走ると、土の移動が多く、高低も直しやすい。

荒代、植え代のかき方

荒代かきはヨコに、植え代はタテに

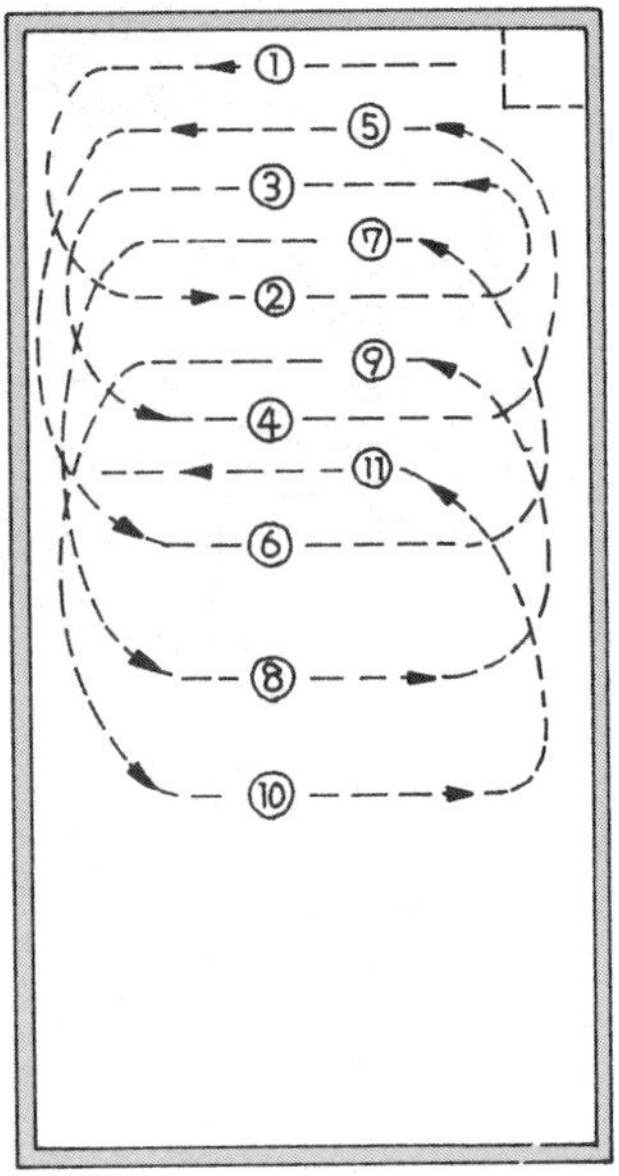

○荒代かきは、耕起と直角に大きく旋回してすすむ
○植え代かきは長辺のアゼに沿って旋回を少なくすると、能率よくきれいに仕上がる

トラクターの走行速度を遅くし、ロータリーの回転を早くすると、何回も歩かずに仕上げることができる。

■あわてた代かきは活着不良をまねく

土の物理性や均平もそうだが、荒代から水を堪えておくと水温が高くなる点も見のがせない。田植え後の苗の活着が確かによくなる。

荒代から植え代かきまでの期間が長いと、その間に水温が高くなって雑草も生えてくるが、雑草が芽を出し始めたときに、もう一回植え代かきをするので、生えた雑草は全滅し、その後の雑草の生え方がグンと少なくなる。

あわてるとロクなことはない。四月が好天だった年、こんな失敗をした人がいた。苗が伸びたのに代かきができていないという失敗だ。しかたなく、田んぼに三分の二くらい水がまわったところで、待ちきれずに田んぼへトラクターを入れたのである。水が田んぼ全体にまわらないので、エンジンを切らずに待っていたほどのあわてよう。

気になって、その後のイネの生育を見ていたが、案の定イネの活着が悪く、最後には秋落ちしたかのような登熟の悪いイネになっていた。

■代かき後の均平作業はやめたほうがよい

肥料が全層によく混じり合うようにと代かき前に施肥し、均平仕上げして、水を落としてみた。あまりにも低いところがあるので、もう一度トラクターを入れ、角材を引っ張った。母ちゃんは角材を鍬で押し下げて土の量を加減しながら、高いところの土を低いところへ移動させ、均平にしてから田植えした。

しかしイネの生育がすすむにつれて、土を引っ張った高いところは色ざめし、何回か追肥したが草丈も穂も短いまま。運んで埋めたところは色がさめず、過繁茂。最後は徒長して倒伏し、さんざんな結果だった。

肥料を含んだ土を移動させたのが原因だった。こんなときは、代かきのときには直さずに、田植えがすんだ段階で波板トタンなどを利用して田んぼを区切り、高低差を少なくするとよい。

■土のかたさはゴルフボールで確認

また、側条施肥では、施した肥料がきちんと苗の近くにとどまるように、田のかたさを一定の条件にしておかなくてはならない。かたすぎても、やわらかすぎてもダメだ。近ごろふえてきた飼料イネの直播栽培ではとても大切になる。

手軽に判断する目安は、ゴルフボールを使う。一メートルの高さから落として、ボールの直径の約半分（二センチ）が土にもぐるくらいのかたさが望ましい。

とはいえ、一枚の田んぼでも場所によって土のかたさはマチマチなので判断に迷う。しかし、この方法、知っておいて損はない。

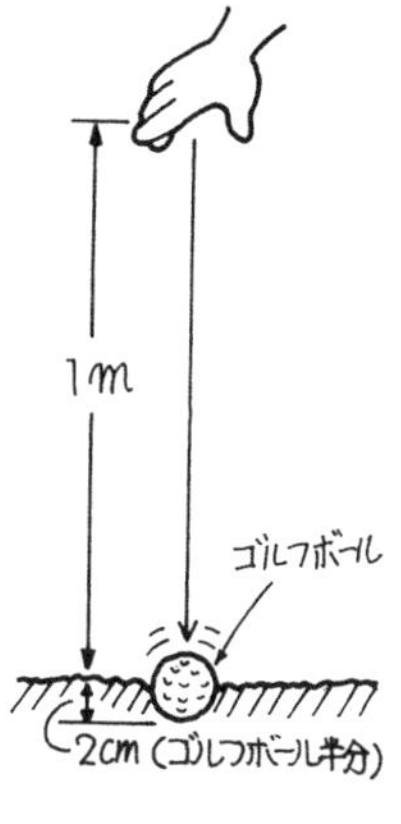

田植えはあわてず騒がず

■田植え三日で補植一〇日!?

仕事を休まないで田植えを終わらせたいと、急いで代かきし、一気に植えてしまう人が多い。しかし、あわてた田植えが裏目になり、かえってあとで手間のかかってしまうことがよくある。

現在の田植機はじつに上手に小さな苗を植えるものだと感心もする。だが田植えが終わったあと、倒れている苗があるなあと田に入ってみると、一本しか植わっていない株、七～八本も植わっている株がある。浮いている苗や続けて植わっていないところもある。田んぼ全体が気にかかり補植に入ることになる。

補植は母ちゃんやお年寄りの仕事になっているが、水の冷たい田に入り、腰を曲げて行なう作業はたいへんな重労働だ。

田植えは天気のよい日を選ぶのが基本だ。予定の日が寒かったり、雨が降り風が吹いたりしていれば田植えはしない。一年に一度の田植えだから、天気のよい日に休暇をとって行なう。悪い条件の日に植えると欠株が多くなるし、活着も悪いからだ。

■雨の日に決行するなら……

しかし、勤め先でどうしても日程の都合がつかなかったり、機械の共同利用の順番があったりすると、天気が悪くても田植えせざるをえないこと

田植え

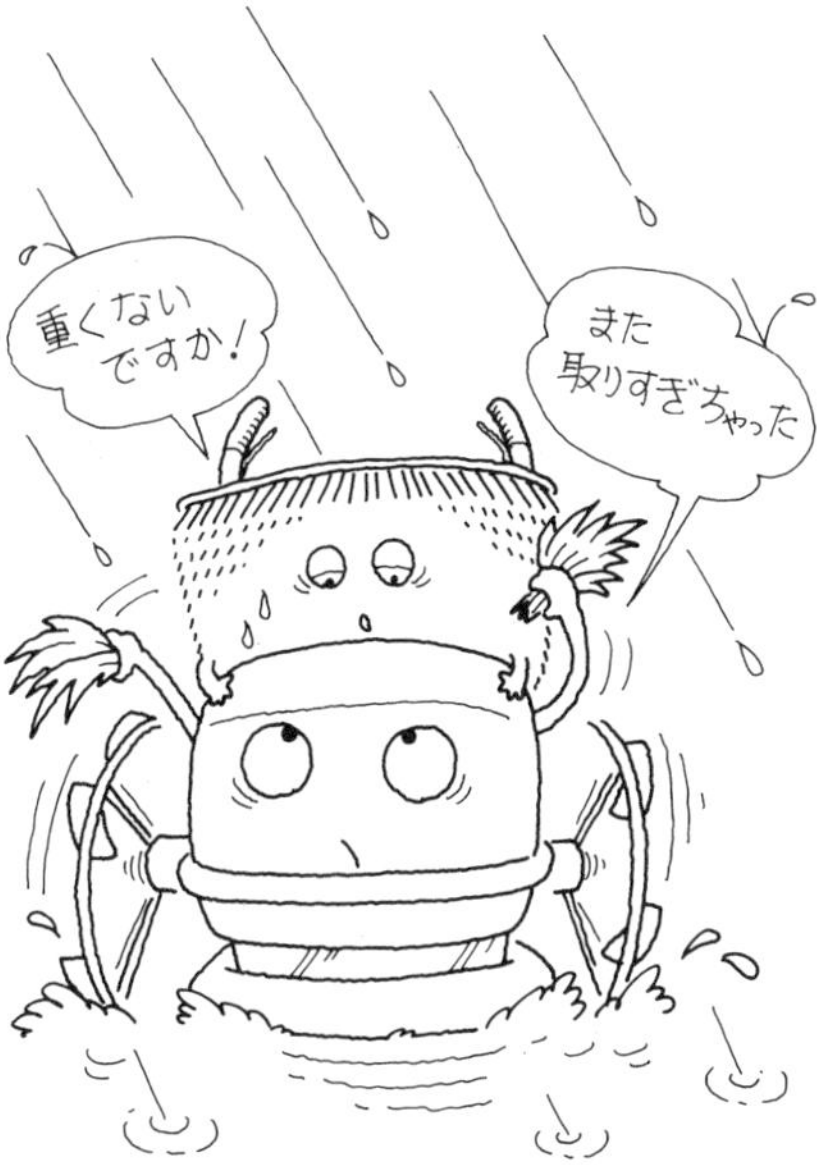

がある。そんなときにはどうしたらよいか。

雨が降っていてまず問題なのは、苗箱が水を含んで重くなることで、田植機にのせられているうちにその重さでマットがつまり、一回のかき取り量が多くなってしまう点だ。一株当たりの植付け本数がグンとふえてしまう。田植えの最中はやむをえないにしても、田植機にのせる前にビニールでおおうなど、できるだけ雨に当てないようにし、かき取り量も調整しておくべきだろう。

また、雨が強いと、植え付けた苗の姿勢も悪くなりがちだ。そこでやや深植えになるような調整も必要だ。

調整といっても、天気が悪いと気持ちはあせるし、しかもかなり寒い日も多い。ついあわててやってしまいがちだが、強行しただけ、かえって悪い結果をまねく。人間の都合なのだから、ここはひとつぐっとこらえて「イネのめんどうをみてやろう」という気になるしかないようだ。

ゆったり植えようコシヒカリ

私のところでは、これまでのように、田植えを五月の連休中に行なうと、主力のコシヒカリは最も気温の高い七月末から八月初めに穂を出し、登熟が悪くて、未熟米が多くなった。どうも、穂を出す時期の高温が影響しているらしい。

そこで、未熟米の発生を少なくするため、近年はコシヒカリの田植えを五月十五日を中心とし、これまでより遅く田植えするようになった。

このことで出穂が八月五日以降になり、イネの実りもよく、品質が向上した。同時に刈取りの幅も延びたことで、コンバインやカントリーなどの施設利用にとっても稼働期間を長く延ばすことができた。

田植機点検の盲点

■いざ出陣　田植機が動かない……

田植え当日になってやっと田植機の故障に気づく人がけっこう多い。

苗も運び、田植機を田んぼに持っていこうと、エンジン始動を試みるが、さあそこで動かない。あわてて農機具屋へかけこむ。また、田んぼから携帯電話で農機具屋へSOS……。

こんな調子だから、農機具屋は連休どきには夜も眠れないほど忙しい。これでは予定どおり植えられるはずがなく、遅れをとり返そうとしてムリな植え方をすることになり、分けつ芽を強く傷めたりして生育を停滞させる。

■意外と気づかぬツメの減り

田植えの前に忘れてならないのは田植機の点検だ。一年に一回しか使わないので、大面積をこなす人かオペレーターの人でもないと、毎年新品の機械と対面するのと同じようなものといっていいぐらい使用法を忘れていることが多いのではないか。何軒かで共有していたりすると、マニュアル（使用説明書）が手もとにないことも多い。

ひととおりの試運転はだれでもやるだろうが、肝心の植付け機構に目を光らせる人は少ないように

思う。とくにツメである。

ツメは、びっくりするほどよく減る。土質にもよるが、二ヘクタール植えると一・五～二センチも減る。その機械だけ見てもわかりにくいが、新品と比べてみるとよくわかる。近ごろでは減りの少ない材質を使ったツメが出てきているが油断大敵である。

苗のかき取り量や植付けの深さは調節レバーで簡単に加減できるが、ツメはまったく別もの。ツメが減ったら、ネジをゆるめて、減った分だけくり出せばいいが、ついついおっくうになるのだろう。しかし毎年、田植え前はもちろん、何人かで共同で使うときには、途中で必ず点検しなくてはならない。

試運転は必ず田んぼで

苗のかき取り本数は農道で田植機を動かしてみるとわかるが、植付けの深さや株間は田んぼの中でないとわからない。不完全葉が八分くらいかくれるように、だいたい、一・五センチの深さで一株が三～四本植えになるように調節する。

実際の一株の植付け本数はこうしてみないとわかりにくい。植えてしまってからだと、三～四本植えのつもりが六～七本植わっていたということはよくある。ついつい多めに植えてしまうのが心理というものらしい。

一往復してみれば植わり方がわかるので、欠株が多いときはかき取り量を多くする。

欠株をださずに上手に植える

当日は田に水をのせて植える

田植えの前日に、夕方から水を落として土の表面を落ちつかせることはだれでもやるだろうが、田植えの当日に水を入れたほうが作業はスムーズにすすむことを知らない人は意外と多い。苗が水没するとか、次の条の植付け目安の印にするすじが見えなくなるとかいってきらっている人もいるが、水を入れるといっても〝田面に水がのった〟状態だ。こうすると植えツメに泥がつきにくいし、フロートの滑りもよく、浮き苗や欠株がでない。

苗箱〝トントン〟の失敗

苗は、ある程度は湿り気をもたせたほうが苗のせ台上の滑りがよくなり、植付け精度が高まる。あまりに乾いてマット全体が軽くなっていると、かき取りがうまくいかずに欠株率がふえる。

また、苗を箱から取り出すときに、苗箱をタテにして、地面にトントンと打ちつけ、二センチほど苗を圧縮してやると、苗の密度が高まり、欠株の防止になる。

ところが、箱から取り出しやすくするために、ヨコにして打ちつける人がいる（育苗センターの箱だと、つい強く打ちつけたりする人も見かけるが）。箱とマットとの間をあらかじめあけておけば、取り出しはラクになるが、こうすると、苗のせ台の上でのすき間をつくることになるので欠株がふえる。箱をトントンとやるのは、タテ方向だけにする。

初めて苗をのせるときは、ツメが左右どちらかに寄り切っていなければならない。

田植えにつきもののトラブル

田植えの最中には思いがけないトラブルがつき

田植え

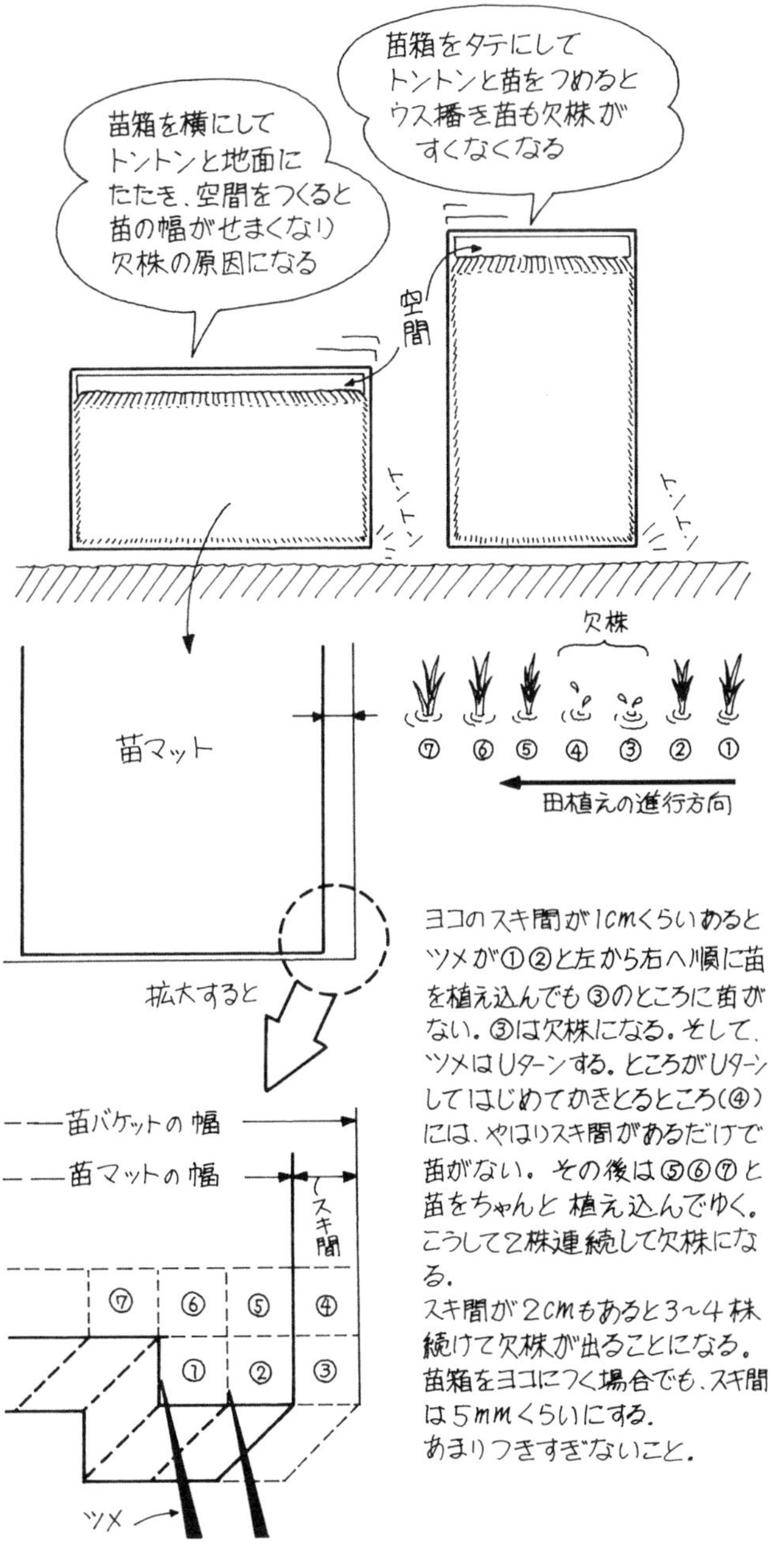
苗箱をタテにして
トントンと苗をつめると
ウス播き苗も欠株が
すくなくなる
苗箱を横にして
トントンと地面に
たたき、空間をつくると
苗の幅がせまくなり
欠株の原因になる
空間
トントン
トントン
欠株
苗マット
⑦ ⑥ ⑤ ④ ③ ② ①
田植えの進行方向
拡大すると
苗バケットの幅
苗マットの幅
スキ間
⑦ ⑥ ⑤ ④
① ② ③
ツメ
ヨコのスキ間が1cmくらいあると
ツメが①②と左から右へ順に苗
を植え込んでも③のところに苗が
ない。③は欠株になる。そして、
ツメはUターンする。ところがUターン
してはじめてかきとるところ(④)
には、やはりスキ間があるだけで
苗がない。その後は⑤⑥⑦と
苗をちゃんと植え込んでゆく。
こうして2株連続して欠株にな
る。
スキ間が2cmもあると3～4株
続けて欠株が出ることになる。
苗箱をヨコにつく場合でも、スキ間
は5mmくらいにする。
あまりつきすぎないこと。

ものだ。気持ちに余裕があれば冷静に対処できるが、あせっているとさらに事態を悪くさせる。年に一回の大事な作業だという気持ちで、多少ゆっくりでも、確実さを第一にすすめたい。

近ごろは兼業農家でも乗用型を使う人がふえてきた。こうなると、あわてなくても一日一ヘクタールの田植えはそうたいへんではなくなる。そのぶん、機械に追いまくられるのではなく、気持ちにゆとりをもって、よりていねいな作業をしたいものだ。

機械の速度を速くすると苗が傾いて植わったり、浮き苗になったり、苗質の悪いばあいは連続して欠株がでたりする。とくに枕地などゆっくりと確実に機械を運転しないと、あとの手直しに苦労することになる。

植付けは一日の計画面積にゆとりをもつようにすると作業もていねいにやれる。田植えが早く終われば、それだけ温かい水をかけてやれる。

苗の減り方が条ごとに一定でないことはよくある。苗は箱ごとにバラツキがあるので必ずしも異常なことではないが、おかしいと思ったらまずツメを見てみよう。ツメの出方、減り方は一定か、小石や古いイナ株をはさんでいないかを見る。苗箱に敷いた新聞紙がツメにはさまっているときもある。

■乗用型では苗補給に要注意

また、アゼから離れたところでは苗の補給ができないので、途中で苗を切らさないように工夫したい。乗用型だと背後に苗があるのでうっかり補給し忘れることがある。歩行型から乗用型に切り替えてはじめての田植えのときなどは、慣れていないのでとくに気をつけたい。

バックミラーがついているので、ちゃんと植わっているかバックミラーで確認しながら作業をすすめるとよい。つい心配になってふりかえって見たくなるが、グニャグニャ曲がりの原因になる。

♣ 作業ワンヒント

母ちゃんが喜ぶ田植えの仕方

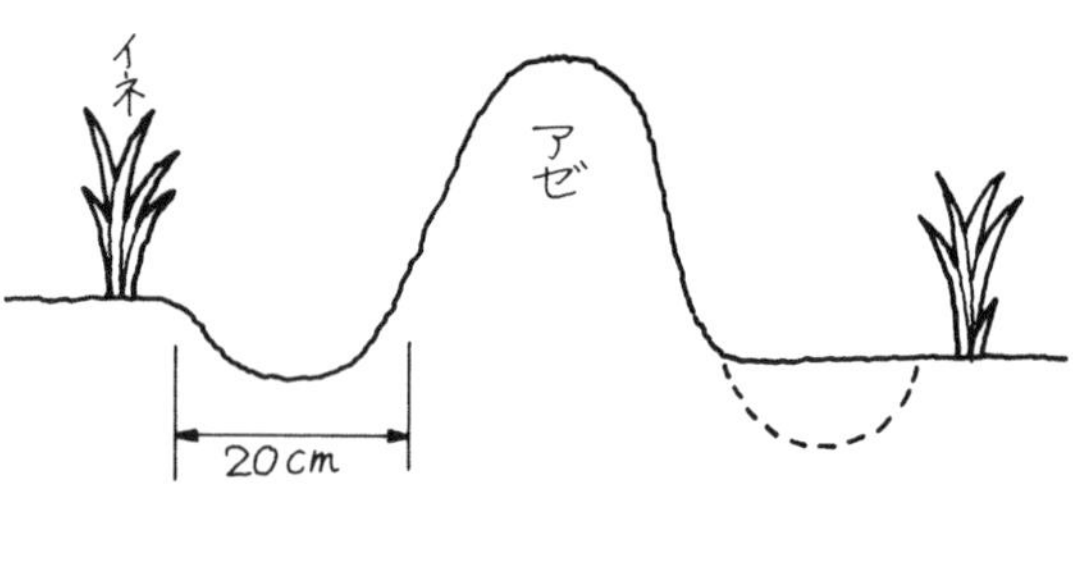

アゼより20cm離して植える。さらに溝を掘る。田干しや排水に便利で、ケラやネズミの被害がすくない。アゼの雑草も田に入ってこない。もちろんコンバインによるふち刈りが楽にできる

側条施肥田植機を上手に使う

■機械の特徴をつかむ

側条施肥田植機を使う農家がふえてきた。つぎのような利点があるといわれているからだ。

①田植えと一緒に、苗の株元に肥料を施すので、肥料の吸収がよい。そのため初期の生育がよくなり、分けつがとれやすい。

②土の中へ肥料を施すことから、肥料成分が田の水に溶け、川や沼に流れださないので水質を汚す心配がない。また、田んぼに藻類が発生しないので太陽光線が苗の株元まで当たり生育がよくなる。

③元肥や、初期生育を促す追肥を施す作業が省ける。

しかし、田植え作業はこれまでと変わりはないが、田植機の使い方によっては、肥料が施されない部分がでてきて（または枕地などで条がダブってしまって）イネの生育が不ぞろいになり、追肥しなければならない例もでてきている。

〈テクニック　その1〉

受託もあわせて三五ヘクタール田植えした東保営農組合の本江良吉さんの田植機の使い方は、

(1)　条が交差することを避けるために枕地をそ

ふぞろいの
イネたち・・・!!
アラ!!
ラクになった
はずなのに!!

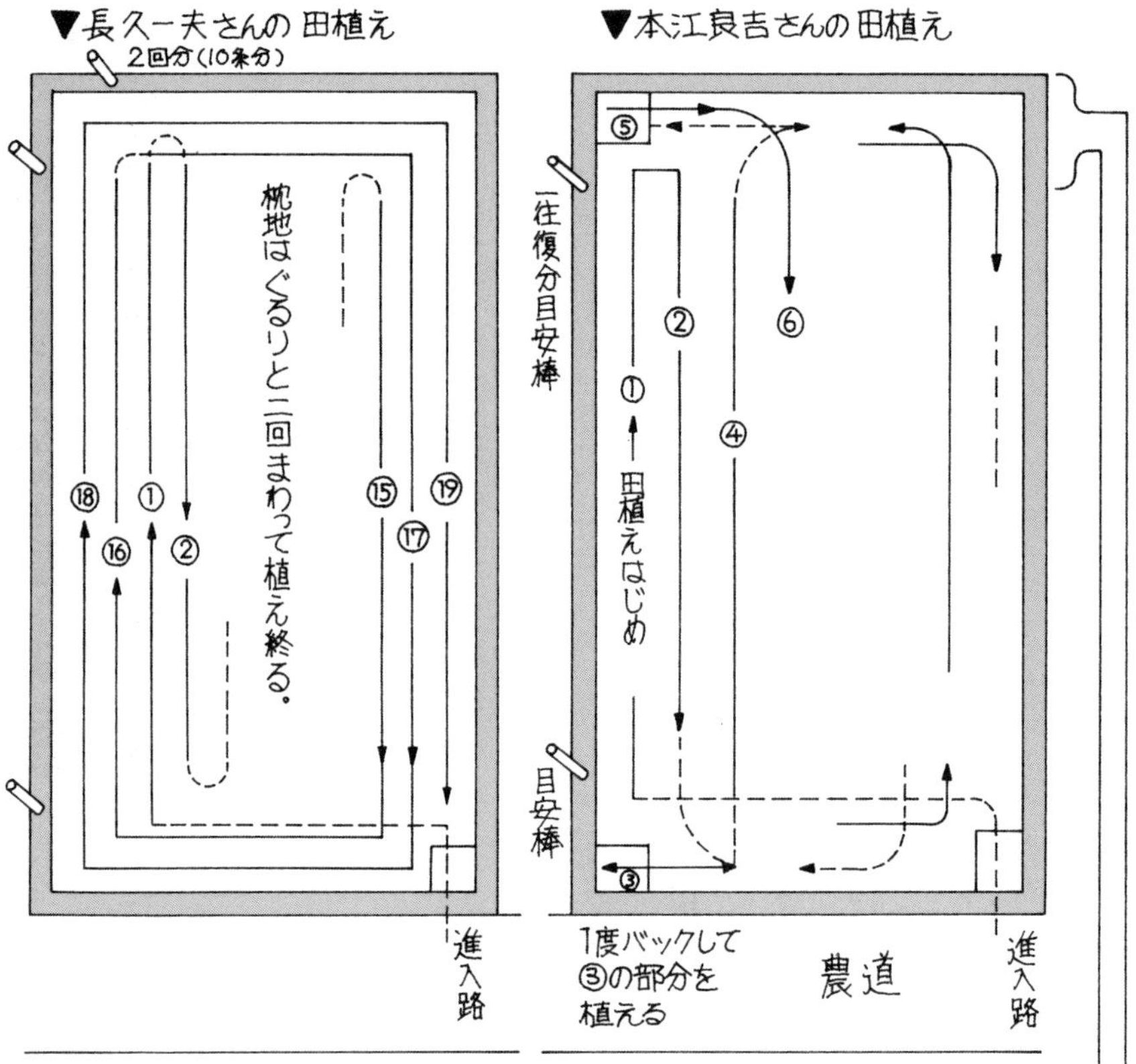
▼長久一夫さんの田植え
2回分(10条分)
枕地はぐるりと二回まわって植え終る。
進入路
▼本江良吉さんの田植え
一往復分目安棒
目安棒
田植えはじめ
1度バックして③の部分を植える
農道
進入路

枕地の植え方

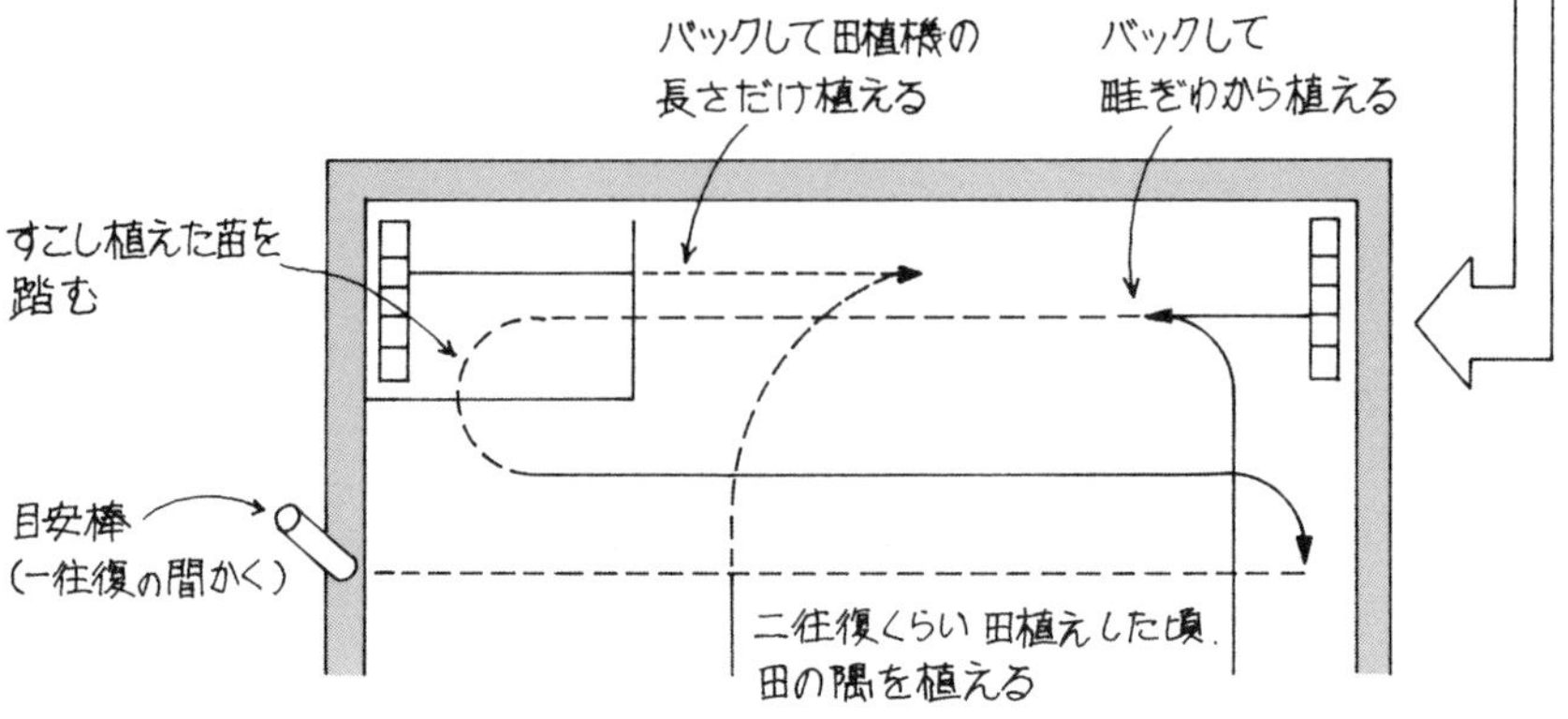
バックして田植機の長さだけ植える
バックして畦ぎわから植える
すこし植えた苗を踏む
目安棒(一往復の間かく)
二往復くらい田植えした頃、田の隅を植える

田植え

♣ 作業ワンヒント

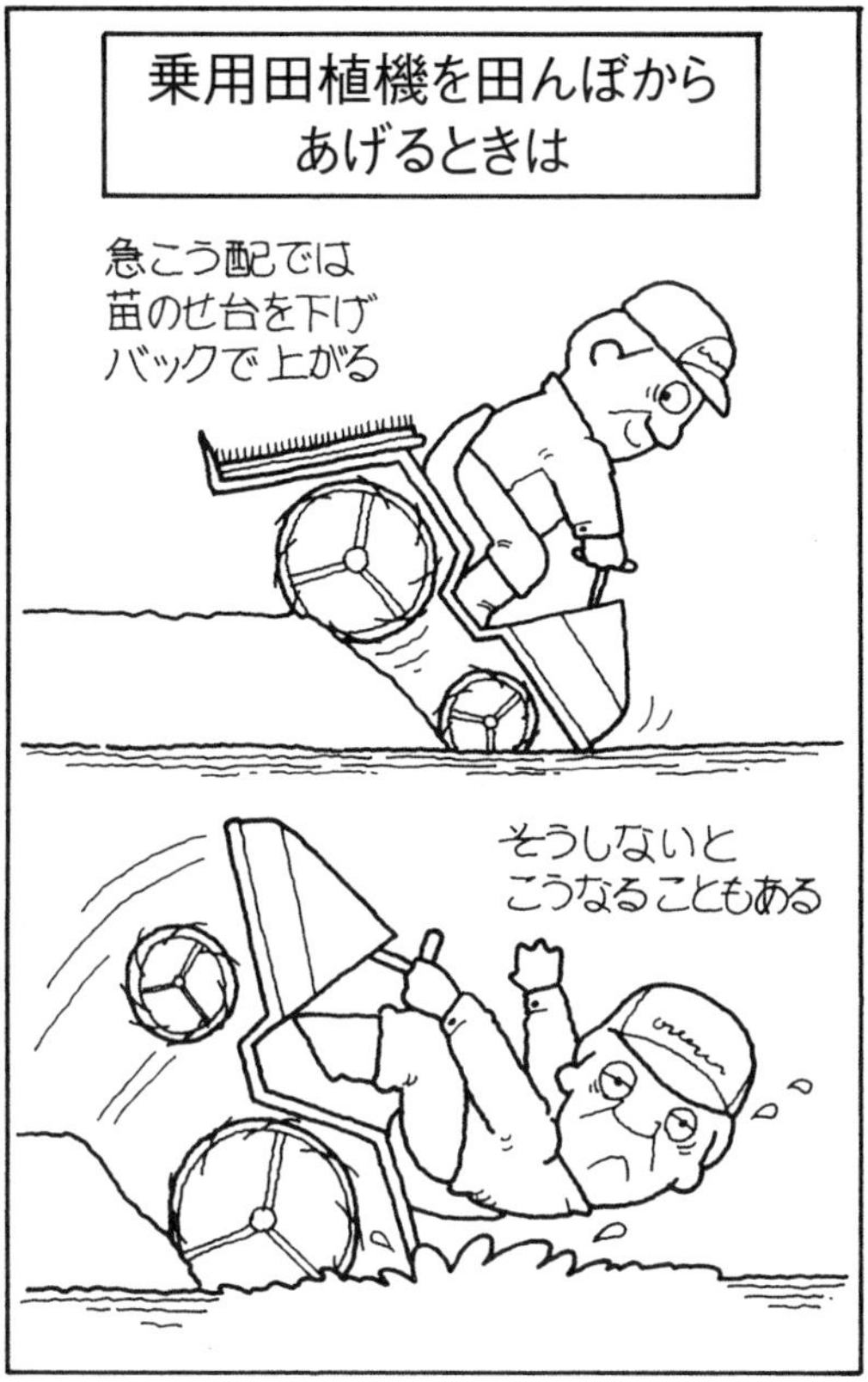
乗用田植機を田んぼから
あげるときは
急こう配では
苗のせ台を下げ
バックで上がる
そうしないと
こうなることもある

ろえて植え付ける。このため、アゼに目安棒を立てる。

(2) 旋回やバックするときは必ず植付け部を上げる。そうしないと、肥料が出る部分に土が入って、穴がつまってしまう。

(3) 停車するときは植付け部を上げて油圧をロックする。

(4) 田植え作業のすすめ方は、

①枕地一往復の間隔のところで、アゼに目安棒を立てる。

②田んぼの進入路から田植機を入れ、反対側のアゼぎわから植え始める。

③二往復くらい植えたころ、田の隅二か所を田植機の長さくらい植える。

④だいたい植わったところで、枕地を一往復して植える。

⑤最後は進入路に向かって植え終わる。

〈テクニック　その2〉

同じく、請負イナ作をしている長久一夫さんは、

(1) 進入路と反対のアゼぎわから、田植機が五条植えで一〇条分(二回幅)あけて植え始める。まっすぐに植える目安として、アゼに目安棒を立て、これを目標に植えていく。

(2) 枕地は田んぼをぐるりと二回まわって植え終わる。

補植をラクにする心がまえ

田植機でいくら田植えがラクになっても、悩みのタネは補植に手間どることだ。田植えのあと一週間も一〇日も田んぼに入っている人は少なくない。だれもがもっとラクにならないかと思っている。

欠株のある田を前にしてもっとよい苗をつくっておけば……、とくやんでもあとの祭り。来年のための反省は十分にやるとして、さて、今年の補植をどうするか。

■一本でも植わっていればよいと心に決める

補植といっても、人によっていろいろなやり方がある。すべての欠株に苗を植える人、本数の少ない株に植え足す人、気にすればするほど田んぼから出られない。腰は痛くなるばかりだ。

苗がきちんときれいにそろっていないと気のすまない人は気のすむまでやるしかないが、ほんとうに苦労しただけのことがあるのかどうか、考えてみよう。

田に植わっている苗の本数を当ててみませんか、とたずねてみる。ほとんどのばあいは少なめの答えが返ってくる。三〜四本だと思ったら倍も植わっていたりするのはザラだ。

頭の中では一株の植付け本数は少ないほうが太茎のイネに育ってよい。一本植えでも大丈夫だとはわかっていても、さびしい株にはつい補ってし

まう。見た目にさびしい株でも、本数を数えてみれば二～三本は植わっている。そんな株には補植すべきではないのに、つい、ほかとそろえようという気が働いてしまう。結果的にはどの株にも六～八本植わって、過繁茂になる。これでは苦労が水の泡だ。

一本でも植わっていればよい、と思えば体も気持ちもうんとラクになる。また、欠株のすべてを埋めようという気持ちは、捨ててみてはどうか。夏になればまったく気にならないことはうけあう。二株続いた欠株があれば、その真ん中に植える——となれば、それだけで手間は半分に減る。

■植えるか否か？ その場での判断法

一株抜けていても気になって補植している人を見かける。また、一株に一本しか植わっていないと、これは少なすぎるといって数本追加している人もある。しかし、一株だけ欠株しているばあいはまわりのイネがちゃんと補ってくれるので、補植は数株連続して抜けているところだけにしぼる。一株に一～二本しか植わっていないところはそのままでよい。小さい苗が一～二本しか植わっていないと心配になるものだが、それこそイネはなんとかしてくれるのである。植付け本数をわざわざふやす必要はない。

逆に、多く植わっている株はどうするか。

八本も一〇本も植わっている株もけっこうあるが、これを半分に減らしていたらきりがないので、これはそのままにしておく。イネの生育をよくそろえるためには一株三～五本にそろえるのがよいが、なかなかそんなめんどうなことはしていられない。一本の株もあれば三～五本の株も八本の株もある。これでよい。植付け本数の少ない株も多い株も、イネがうまく調整するので、あまり補植をていねいにやらなくてもよい。

ただし、苗枯れがひどければ補植せざるをえない。苗枯れをなくして、いつまでも補植が終わらないなんてことがないようにするためには、やはり夕ネを薄くしかも均一にまくことである。

それから、補植用の苗をいつまでも田んぼに放っておく人が多いが、いもち病の発生源になるので、補植が終わりしだい除く必要がある。

写真で見る その2 1株茎数当てクイズ

田植えしたばかりのときにアゼから田んぼを見ると、植えたはずの苗たちがじつに頼りなげに見える。どの株を見ても、挿し苗したくなるものばかり……。

さて、そこでクイズ！　下の写真の白枠で囲んだ4株、左から何本植え込まれていると思いますか？

答えは……

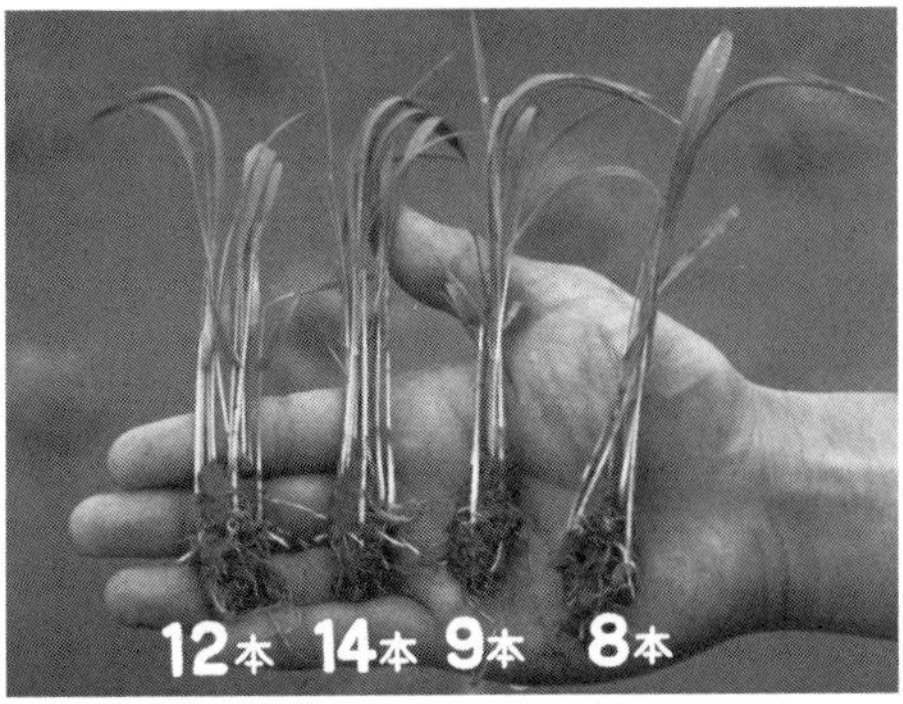

白枠の中の株を抜いてみました。
驚くなかれ、左から、12本、14本、9本、8本。
あなたの予想は当たっていましたか？
どれも、しっかり植え込まれています。
少なめに答えた人は、補植に要注意です。

見た目は案外信用ならないもの。

（スライド「安定イネシリーズ　ストーリー編」より）

写真で見る その3 淋しく見えてもイネは強い！

1枚の田んぼを三つに分けて、左から「5～6本植え」、「2～3本植え」、「8～10本植え」として、その後の育ちを追いかけてみると……。

〈田植え後20日〉

田植え後20日
5~6本植え 2~3本植え 8~10本植え
葉色 4.1 4.5 4.7番色

真ん中の「2～3本植え」がスカスカに見えますが、一株抜き取ってみると、スリムで茎数こそ少ないもののしっかりと育っています。

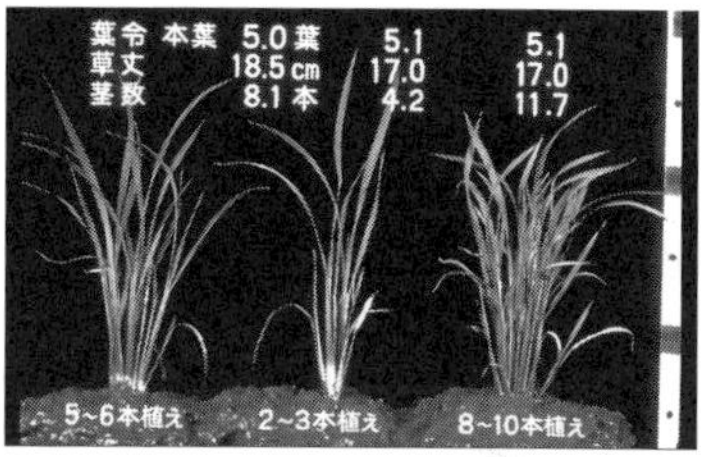
葉令 本葉 5.0葉 5.1 5.1
草丈 18.5cm 17.0 17.0
茎数 8.1本 4.2 11.7
5~6本植え 2~3本植え 8~10本植え

〈出穂40日前〉

出穂40日前
5~6本植え 2~3本植え 8~10本植え
5日前 5.2 4.7 5.2番色
現 在 5.4 5.4 5.9

もはや甲乙つけがたい生育ぶり。茎数も十分ですし、草丈も低く、お米がとれそうなイネに変身です。

葉令 8.7葉 9.0 8.6
草丈 35.5cm 33.6 38.2
茎数 35.2本 24.3 40.9
5~6本植え 2~3本植え 8~10本植え

〈収穫時期〉

5~6本植え 2~3本植え 8~10本植え
止葉 12.4葉 13.4 12.4
全長 86.4cm 102.5 86.6
穂数 30.4本 26.5 33.2

もう見た目の差はありません。ちがうのは穂の大きさ。「2～3本植え」の穂は大きく、たいへん立派です。

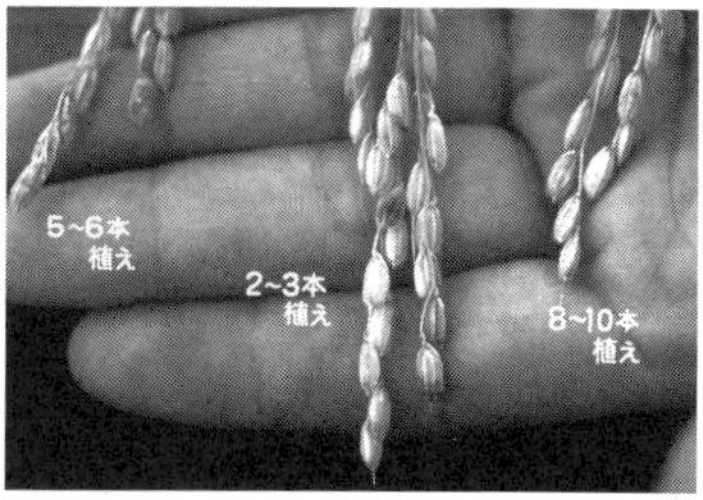
5~6本植え
2~3本植え
8~10本植え

（スライド「安定イネシリーズ　資料編」より）

除草剤散布——こんなときどうする

■薬害が心配で補植後にまこうとしたらすでに草が生えていた

〔苗が伸びたのに代かきが遅れてしまったAさんは、今まで田植え前に除草剤を散布していたのを、田植え三～四日後に変更しようと考えた。しかし活着していないうちに除草剤をまくと薬害がでるかもしれない。そこで補植をひととおり終えてからまこうと決めた。ところが、いざ除草剤をまこうと思って田んぼを見たら、小さい草がいっぱい生えていて驚いた〕

＊

たとえば、代かき後一週間以内に散布する初期除草剤を田植え後にまくとする。田植えは代かき後三～四日たってから行なうから、除草剤の散布は田植え後二～三日以内にしなければならない。ところがこのころは、別の田の田植えに追われたり、補植に追われたりしている。そうこうしている間に、Aさんの田には雑草が生えてきてしまった。

こうなっては初期除草剤はうまく効かない。こんなときは中期除草剤のマメットSM粒剤などを、標準の散布量よりもちょっと少なめにムラなくまくと効果がある。またヒエが一・五～二葉くらいになって少し大きくなりすぎたばあいには、私はマメットSM粒剤を標準量使っている。

ただし薬害をださないために、まきすぎには注

意する。私は、田植え後に除草剤を使うばあいは、苗の五葉目が出始め、二〜三センチくらい白い新しい根が伸びたことを確認してから、つまり苗の活着を確認してまくようにしている。

また、マメットSM粒剤は魚毒性が心配なので、散布後は水を流さないように注意する。

■苗が悪いので活着するまで待っていたら草が生えてしまった

〔春先が低温だったので、Bさんは育苗期間は保温につとめた。その結果、苗は軟弱で徒長ぎみになり、ムレ苗をだしてしまった。こんな苗を植えたBさんは、除草剤の散布を、植えた苗が活着して生育を始めるまで待ったところ、雑草が多く生えてしまった〕

＊

苗のよしあしは、代かきころには見当がつくから、出来の悪い苗を植えざるをえないときは、薬害の心配があるので田植え直後の除草剤はやめる。田植え前、しかも代かき後に使える、薬害の少ないソルネット粒一キロやマーシェットジャンボなどを選んで散布する。

しかしこれらの初期除草剤はノビエ一葉期までしか効果がないので、中期除草剤は量を少なくして早めに散布する。

田植え後の深水も、やわらかい苗のばあいは薬害をうけやすいので注意する。

■代かき後に散布したのに草が生えてきた

〔Cさんは田植えの準備が遅れたので、代かき後初期除草剤を散布、二日目に水を落として田植えを急いだ。ところが除草剤を散布したのに田植え後一〇日目ころヒエなど雑草が芽生えてきた〕

＊

田植えの前後に使う初期の除草剤は、湛水に溶けた薬が土の表層二～三センチに均一に吸着されて処理層をつくる。その処理層で、発芽したり育っているノビエなどの雑草を殺すものが多い。

除草剤が土に吸着され終わるまでに三日くらいかかる。だから除草剤をよく効かせるためには、水持ちが三日以上あることが必要だ。田植えを急ぐあまり散布後二日くらいで水を落としては、せっかく散布した除草剤を水と一緒に捨てているのと同じで、薬効は半減して雑草に効かなくなってしまう。おまけに、流れ出した除草剤は河川に流れ込んでしまうから、環境にとってもマイナスだ。

雑草の生育時期からみて除草剤に最も弱い時期は雑草の芽が伸び始めるころだから、その時期をねらって処理をする。

■田んぼの水持ちが悪くて除草剤が効かなかった

〔Dさんは農作業が遅れていたので、とにかくスピード第一で代かきをした。ところが田んぼの水持ちが悪くて除草剤がよく効かず、マツバイやホタルイが多く生えて困った〕

＊

Dさんはいつもの年なら、水持ちの悪い田んぼはもちろん、ふつうの田んぼも比較的ていねいに代をかく。しかし春が遅いときは、気がせいているため、どうしても耕うんや代かきが大ざっぱになりやすい。

水持ちの悪い田んぼでは除草剤の浸透が多く流亡しやすい。それだけ薬効がうすくなるし、土に吸着されにくいので雑草が生えやすい。それに水温が上がらずイネの生育も悪い。

また春の作業が粗雑だと、どうしても田んぼにデコボコが多くなる。土の露出した部分では、除草が効かずに雑草が生えてくるし、水の深いところでは、除草剤の薬害がでやすくなる。

とはいえ、初期除草剤でとりこぼししてしまった雑草には、私の地域では、新しく出た中期除草剤のサンパンチ一キロ粒剤が使われるようになった。三・五葉期のノビエにも高い効果を発揮してくれ、マツバイやホタルイにはもちろん、オミドロや土壌表面の表層剥離にも効果がある。使用時期は、田植えして一五日～三〇日までの期間だが、効果が長期間持続する。

水持ちの悪い田んぼは、まず代かきをていねいにすることだ。また客土などで水持ちをよくするとともに、除草剤をまいたあとは水口と水尻を止めて、水のかけ流しをしない。それでも水が抜けていくときは、いったん止水として除草剤を落ちつかせてから、田面が見え始めたら水口をあけてチョロチョロと入水する。雑草は除草剤の溶けた水に二～三日間浸かってはじめて殺せる。もうひとつ注意しておきたいのが畦畔からの水もれである。薬の溶けた水が畦畔からもれてしまっては意味がない。除草剤の効果を高めるうえでもアゼぬりは大切な作業である。

除草剤を多くまきすぎてしまった

〔Eさんの家では除草剤の散布に動力散布機を使い始めた。動力散布機は重いので若い人に出勤前に散布してもらった。ところが基準よりだいぶ多くまいてしまった〕

＊

除草剤は散粒器でまくと、手まきより均一にまくことができる。しかし最近、Eさんのような失敗が多くなってきた。

除草剤は種類によって粒の大きさがちがうし、肥料に比べて粒が細かい。そのため、少し風があっても思いどおりには飛ばない。さらに、どれくらい落ちているかの判断もむずかしい。三〇アールに三袋まく予定が一〇アールくらいのところへまいてしまったというように、規定の二倍から三倍も多くまいてしまう例がある。

多くまいてしまったときの対策としては、次のような方法がある。

①薬が土に吸着しないよう、すぐに水を落とす。そして再びきれいな水を田んぼに入れ、いっぱいためて再び水を落とす。このように湛水と排水を三回くらい繰り返すとよい。

②苗を待たせられるなら、除草剤散布後五～六日待って田植えする。

除草剤散布は田植え前のほうが、散布量が少し多くても薬害はあまりうけない。また、田植え前に水を張ってまけば、除草剤の落ちたところと量が、水面に広がる波紋でわかる。田植え後ではこの波紋がわからないので、散布ムラができたり、量もキチンとまけないことが多い。

私は畦畔から動力散布機で除草剤をまくのがきつくなり、最近は畦畔から投げ入れる除草剤「マサカリジャンボ」を使うようになった。ちょっと値段は高いが、これ一回ですむようになった。

厄介雑草と除草剤なしの対処法

■近ごろ目立つ被害の大きい雑草

近ごろ、田んぼに厄介な雑草がはびこってきた。

稔ったイネの草丈以上に大きく伸びるアメリカセンダングサ。アメリカセンダングサと同じように大きく育ち、エンドウ豆のような黒いタネが莢から散らばり、モミや玄米に混じって米の品質をいちじるしく落とすクサネム。しかも、クサネムはコンバイン刈りの邪魔をする。その他、イネの生育中期から発生し、田面に茎を伸ばし、枝分かれしてたいへんな勢いで広がって地面をおおい尽くし、イネの分けつも抑え込んでしまうイボクサも厄介だ。

これらの雑草は、発生初期ならば、一般に使われている初期除草剤で退治できると思うが、イネの初期除草体系で雑草を防除しようとする時期には、まだ生えていない。初期除草剤を散布したあとに発生してくるので困る。イネの中期以降に散布して、イネに被害のでない薬剤で認可されたものはない。

ならどうするか？　私は、これらの雑草がおもにアゼぎわに生えてくる性質に目をつけて、そのあたりを観察しておき、発芽して少し伸び始めた

クサネム

イボクサ（草姿と花）

ころに田んぼの水を落とし、雑草を露出させる。そこで、水中MCP水和剤を溶かして散布機でかける。イネが植わっているところにも生えているときは、アゼぎわから水中MCPの粒剤を手でパラパラとまく。それでも残っているものは、田回りのときに、見つけしだい抜き取っている。

もう一つ、大切なのが、最初に水を入れるときのタイミングだ。春先、どこでも用水の川掃除をすると思うが、最初に流した水は田んぼには入れないようにすることも大切だ。用水にはいろんな雑草のタネが、一緒に流れてくるからだ。

除草剤が効かない雑草が現われた

除草剤が効かない雑草が現われてきた。「SU剤抵抗性雑草」というのがそれで、多くの一発除草剤に含まれているSU（スルホニルウレア）という成分が効かない（抵抗性をもった）アゼナ、コナギ、ホタルイがでてきた。わが家の周辺ではあまり問題になっていないが、全国的に見ると広がっている。

除草剤もちゃんと散布して、ほかの雑草は抑えられているのに、アゼナやホタルイ、コナギだけが発生しているようなばあいには要注意である。

農協や普及所などに相談してみるしかないのだが、雑草は待ってはくれない。そんなときは、相談する一方で、「SU剤抵抗性雑草にも効く除草剤はないか?」と聞くしかない。

たいへんに重宝して使われてきたSU剤だが、効くからといって使い続けているとこんな雑草も現われてくる。抵抗性は病気や害虫の話かと思っていたら、雑草にも。たいへんな時代になった。

■米ヌカペレットによる雑草防除

富山県の精米機メーカーのタイワ精機が、米ヌカを簡単にペレット状に加工できる機械を開発(「ペレ吉くん」)し、まわりでも話題になっている。米ヌカを散布して雑草を防除する技術はあったが、紛状の米ヌカを平らに散布するのがたいへんだった。それで、ペレット化して利用しやすくして雑草を防ごうというわけだ。JAS法が改正され、農薬や化学肥料を一切使用しないという厳しい基準をクリアしたコメだけしか「有機米」と表示できなくなったことも大きいようだ。

なぜ米ヌカで雑草を減らせるのか? 米ヌカ防除に取り組んでいる人たちによると次のように説明されている。

(1) 水田に散布された米ヌカは、乳酸菌や酢酸菌などによって分解され、酢酸、酪酸、蟻酸などの有機酸が産出される。その有機酸が土壌のpHを下げる。雑草の若い根は酸性に弱く、コナギやヒエなどの根に障害を与え、枯死させたり発育不良を起こさせたりする。

(2) 水田に散布された米ヌカをえさにして微生物が急速に増殖する。そして水田の土壌の表面が還元状態(酸素不足)になり、湿生雑草の発芽

「ペレ吉くん」(提供:(株)タイワ精機)

が抑制される。また、発芽してもその後の深水によって酸素の供給を止めると、雑草は腐っていく。

(3) 米ヌカの散布によってアオミドロやアオウキクサ、アゾラが繁茂し、光を遮断して、遅れて発芽した雑草の生長を抑制する。

「ペレ吉くん」による米ヌカペレットづくりは、米ヌカに二〇%（重量比）の水を加水するだけでいい。ペレットの形状は、動噴でまきやすい大きさの直径五ミリ、長さ六ミリ。できあがった米ヌカペレットは、動噴などで簡単に、しかも正確に散布できる。また、散布後は速やかに水中に沈むので風などによる散布ムラもない。

使い方は次のようだ（タイワ精機ホームページより）。

(1) 米ヌカペレットの散布時期は、植え代かき後、一週間がよい。その間に田植えが入り、例えば、植え代かき後二日目に田植えを行ない、田植え後五日後にペレット散布となる。

(2) 代かきはできるだけ浅くする。

(3) タネモミは一箱六〇グラム以下の薄播きにして、かたい丈夫な苗にする。

(4) 田植えは一坪当たり六〇株以下の疎植がよい。

(5) できるだけ田植えの時期が遅いほうがよい。気温・地温・水温が低いと、微生物による乳酸発酵や酢酸発酵が遅れ、抑草効果がでにくい。

（提供：（株）タイワ精機）

(6) 八～一五センチの深水管理ができる水田であれば、ヒエの除去に効果が大きい。

米ヌカだけではうまくいかないという声も聞くが、一六九ページに紹介した砺波市の紫藤善市さんは、この米ヌカペレットを、田植え後四〇キロ（一〇a）散布するだけで見事に雑草を抑えている。収量もいつも一〇俵以上とっている。田んぼの準備や水管理などがちゃんとできれば、雑草は抑えられるのだなあと、いつも感心している。

＊株式会社タイワ精機＝富山県富山市関１８６番地

■チェーン除草ーこんな手もあったがや！

『現代農業』という月刊誌を見ていて、目から鱗が落ちたというのが「チェーン除草」だ。宮城県のＪＡ加美よつば有機米生産部会の長沼太一さん。イネが植わっている田んぼの中を、チェーンを引っ張って芽を出したばかりの雑草を根こそぎやっつけるというものだ。

ぬかるんだ田んぼの中を歩いてチェーンを引っ

チェーン除草に取り組む
宮城県長沼太一さん

張るのは容易でないが、長沼さんたちのチェーン除草機はうまくできている。水田除草機の除草部を取り外して、そこにアルミサッシ（ヨコ幅三・六メートル）にタイヤチェーンと細いチェーンをつないだものをぶら下げ（約三〇センチ）、油圧で上下できる仕組みに工夫されている。

(1)　荒代をかいてから約一〇日後、草が動き出したタイミングを見定めて植え代をかく。まずはここで雑草を一網打尽。

(2)　植え代かき後、間髪を入れずに翌日に田植え。

(3)　田植え後一週間以内に、チェーン除草を行なう。苗が活着すれば、除草は早ければ早いほどよい。チェーン除草するときは、必ず五センチくらいの水を張っておき、チェーンで雑草を根こそぎ浮かせ、そのまま水に浮かせておくこと。

(4)　その後は基本的には深水管理を続ける。

『現代農業』に、田植え三日後からチェーン除草に入って、以後チェーン除草二回、株間除草一回だけという田んぼの写真（下）があったが、見事に雑草が抑えられていた。

私も長年イネをつくってきたが、頭の中では理解できても、植わっているイネのことが心配で、私らにはようできんかった方法だ。

チェーン除草2回、株間除草1回でこんな田んぼに

田んぼの水位を知る便利道具

この本でもしばしば出てくるのが、田んぼの水位を○○cmにという表現だが、これがなかなかつかみにくい。だいたい、平らに耕したつもりでも、田んぼのアゼをぐるり一回りしてみればわかるが、土が露出しているところ、水がたっぷりかぶっているところがある。さて、どうするか？

腹をくくるしかない。自分が最も標準だと思う場所で、しかもいつも通る田んぼのアゼからすぐに見えるところに、水位早見板をさし込んでおくのである。下の写真は除草剤メーカーが、その除草剤を買ってくれた人にプレゼントしているやつだが、こんなものだれにだって簡単につくることができる。もともとのアイデアは私だ。

文房具の下敷きでもいい。水に溶けずに、汚れにくく、マジックなどで印が書けるものならなんでもいい。土の中にさし込む部分をとって、0cmから1cm刻みに目盛りを打っていく。さらに見やすいように、適正な深さの幅を色ちがいのマジックで印をしておけば完璧である。この水位早見板を田んぼの見回りのときに確かめながら、水口をあけたり水尻をしめたりして、水をコントロールする。

アゼから見やすいところにさしておく

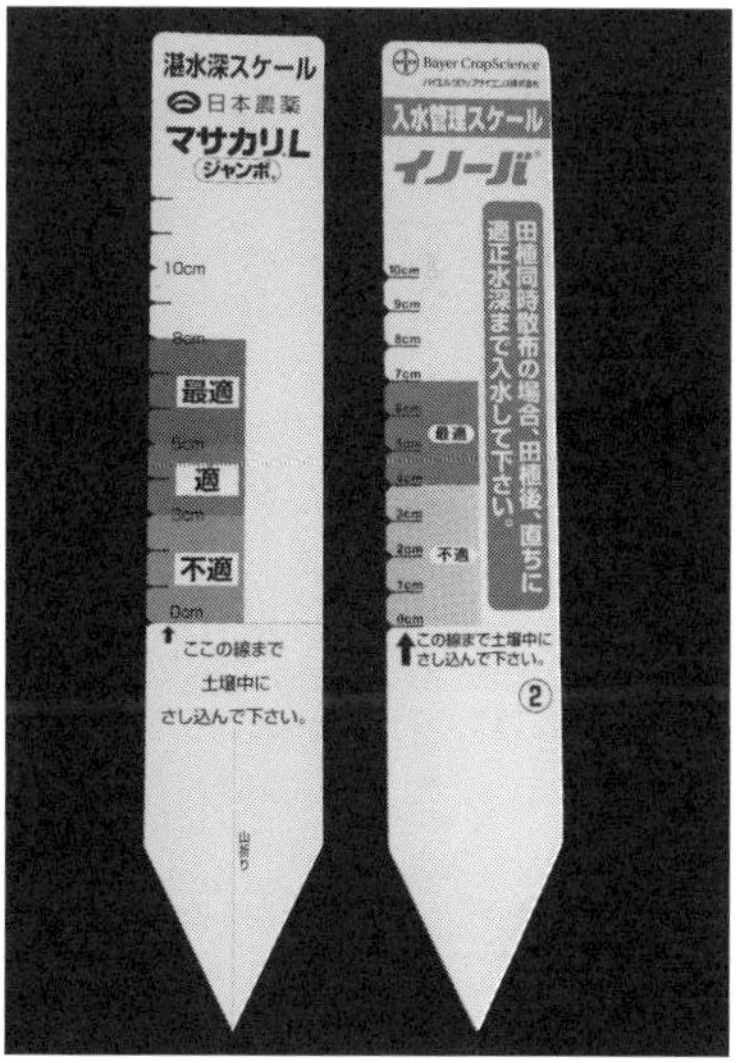

確実に増収につながる溝掘り

■活着肥よりもまずは早期溝掘り

育苗期間に季節はずれの高温にみまわれ、おまけに風が強くてハウスをあけられなかった年には、草丈が伸びても葉齢がすすまない徒長苗が多く見られる。植えた苗は強風のために葉先が枯れ上がったりして初期生育が停滞する。

こんな苗を見ると、つい肥料で元気をつけてやりたくなる。しかし、温かい水をかけたり、ときには酸素を与えたりしてやることが最善の特効薬だ。それには田んぼの水を早く出し入れするための溝掘りがなによりだ。

コメを上手にとるためには田んぼ全体のイネの生育をよくそろえることだ。一枚の田んぼの中で部分的に多収しているところがあっても、不出来のところが多いと、全体としては収量は落ち込む。

一枚三〇アール以上の区画田になると、田面を均平にすることはむずかしい。水尻から落水しても、なかなか水が落ちない。小さな苗が水没する個所もでてくる。水口付近が低く、排水口付近が高い田んぼもある。そんな田んぼでも、溝掘りをすることによって、水管理がやりやすくなる。

■溝掘り五つの効果

①コンバインによる刈取りでは、イナワラを全量田に入れているため、ガスの発生で初期生育が抑えられる。ガス抜きのために夜干しをするにも、溝掘りしてあると落水が短時間ででき、田んぼ全体の水がきれいに落とせる。

②イネの生育がそろってすすむので、ヒエや雑草の葉数がすすまないうちに除草剤を使うことができる。そのため少ない量でもよく効かせることができる。

③溝を掘ると水の走りがよくなり、間断かんが

溝掘り

いや飽水状態の水管理ができる。

④田んぼ全体が同じように乾き、収穫作業がしやすい。

⑤イネを収穫したあとの水田で、ムギなど裏作のための耕起・砕土の作業がしやすい。

溝掘りはたいへんつらい作業だが、確実に増収につながる。イネの一生の水管理のためにも、ぜひやっておきたい作業だ。

溝掘り五つの効果
田んぼ全体がきれいに、短時間で水が落とせる
雑草の葉数がすすまないうちに除草剤を使うことができる
除草剤
水の走りがよくなる
田んぼ全体が同じように乾き、収穫作業がしやすい
裏作のための耕起、砕土の作業がしやすい

溝掘り作業をラクに

■まずは田んぼの周囲を掘り上げる

私のばあいは、田植えしてから約一週間はやや深水にして保温につとめる。まずアゼぎわなど田の周囲を掘り上げる。いわゆる明渠《めいきょ》である。深さ三〇センチ、幅二〇センチ、すっきりと深く掘る。新しい水を入れると水はふた手に分かれて溝（明渠）を走り、排水側で合流し、徐々に田面に上がり水口に向かっていっぱいになる。

田の周囲を掘り上げると次のような効果がある。

①短時間で水が入り、水温も高まる。とくに水口付近が冷え込まない。

②アゼぎわを掘ることによって、セリなどの雑草が田に侵入しない。

③田干しをすると、アゼぎわのイナ株がケラやネズミに食害されるが、その被害が減る。

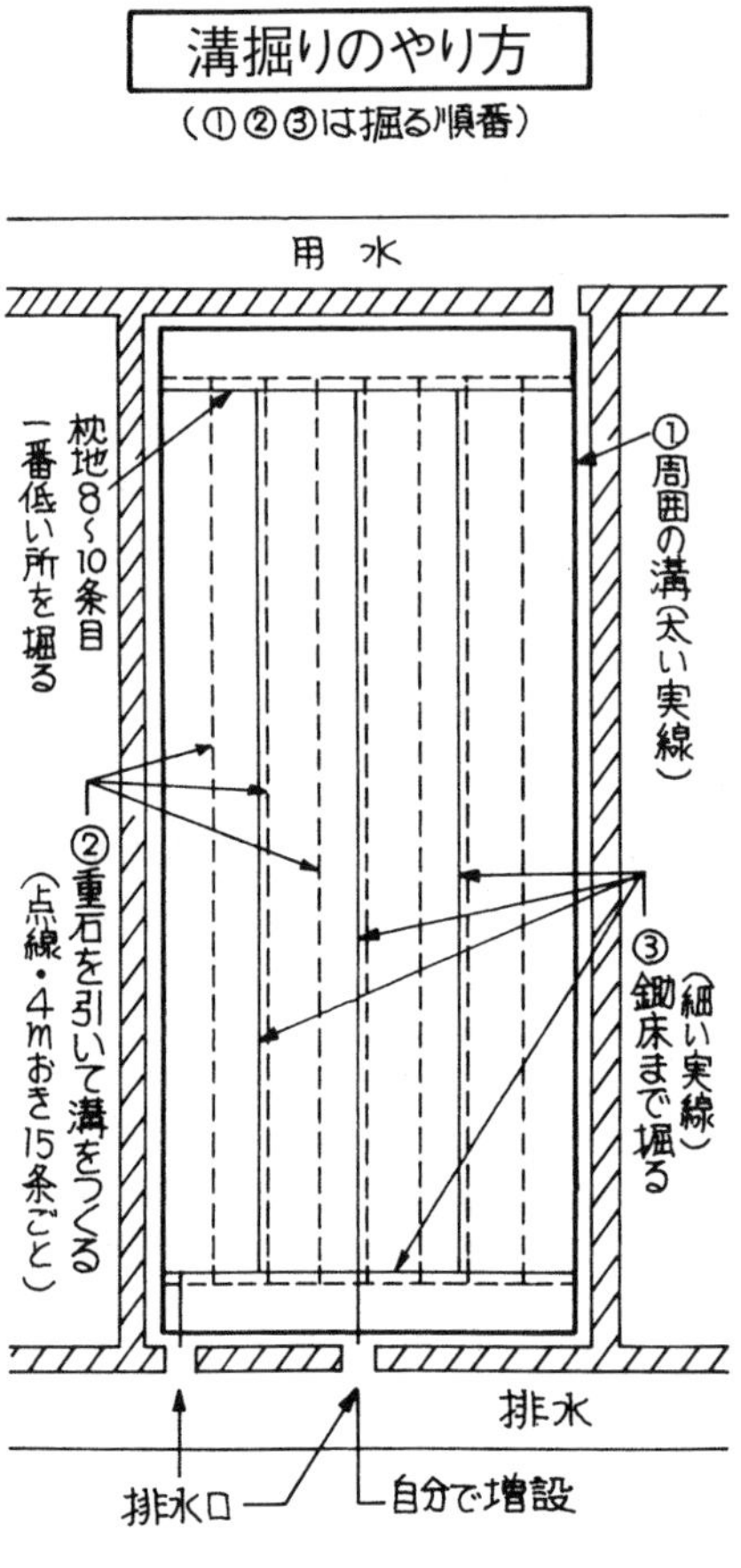
溝掘りのやり方
（①②③は掘る順番）
用水
枕地8～10条目
一番低い所を掘る
①周囲の溝（太い実線）
②重石を引いて溝をつくる
（点線・4mおき15条ごと）
③鋤床まで掘る
（細い実線）
排水
排水口
自分で増設

■溝掘りは中干しのためにあらず

これまでは中干しをよくするために、目標茎数の七～

溝掘り

八割に近づいた六月十日ころから手溝を掘っていた。しかし、今では田んぼの水管理をよくし、田んぼ全体のイネの生育をそろえるための溝掘りに考えを変え、田のやわらかいうちに溝をつけることにしている。

砂質の水田は土がしまりやすいので田植え一〇日目ごろから、粘土質の水田は二週間目ごろから掘る。手溝掘りといっても今日では手で掘り上げず、重石を引いて溝をつくる。近ごろは溝切り機も出回っているが、自分でつくればよけいな出費もしなくてすむ。

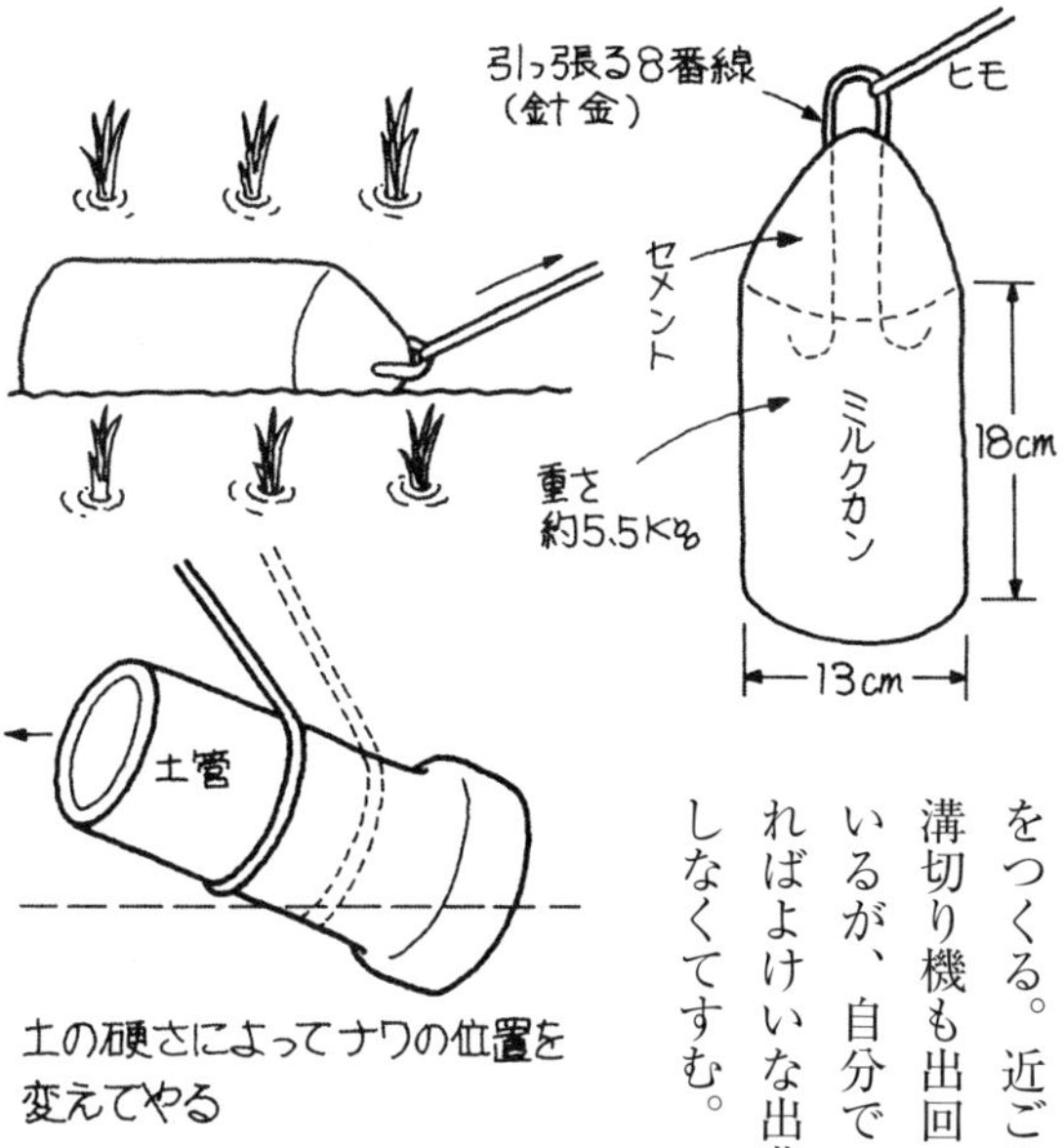

重石は赤ちゃん用のミルク缶にセメントをつめて使用している。先端は盛り上げて大砲の弾のようにする。セメントをつめると重さは約五・五キロ、少し軽い感じがする。

直径九センチ（三寸）の土管の胴の部分に縄を巻きつけて引っ張ってもよい。土のかたさによって縄を巻く位置をずらして変えるとよい。

重石を引っ張るのは三〇メートル幅の田んぼで七本で、約四メートル間隔に一本（約九五条植えているので一五条ごと）つける。三〇アールの田んぼでも約一時間でできる。

手押し式やエンジン付きの溝切り機では、土が落ちついた田植え後三週間目ころと、中干しを開始するころ。二〜三回同じ溝を押さないと、きれいな溝にはならない。

能率の上がる溝掘り鍬

重石を引っ張ったあと、足跡に土が流れ込まない程度まで表面がかたくなったころから、スキ床に達する深い溝を掘り始める。

砂質の水田や早生イネを植えた田から始め、粘

溝掘り

土質の田、晩生田の順に掘る。五月中に、イネの根がグングン伸びる時期に間にあうように掘る。長辺に三本、ヨコに二本でつなぐことを基本として、低い個所があればイネを抜いて掘りつなぐ。

　現在は、小矢部市の高沢孝成さんが考案した細い鉄パイプ製の溝掘り鍬で、母ちゃんと一緒に朝と夕方に能率よくきれいに掘り上げている。この鍬の考案には、三本鍬や四本鍬は土が掘れてしかも土がつかないことがヒントになった。はじめ幅の細い鉄板を櫛のように並べて溶接し曲げてみたり、柄をつける角度、長さ、土にスポッと打ち込むための適当な重さなどをいろいろ考えた。その結果できたのが、太さ一二・七ミリのパイプを長さ二一センチに切り、先端をつぶしたものだった。鍬の幅は田植機による植付け条間の幅にあわせて約一五センチとし、一メートル余りの柄をつけて、重さ二・五キロになった。

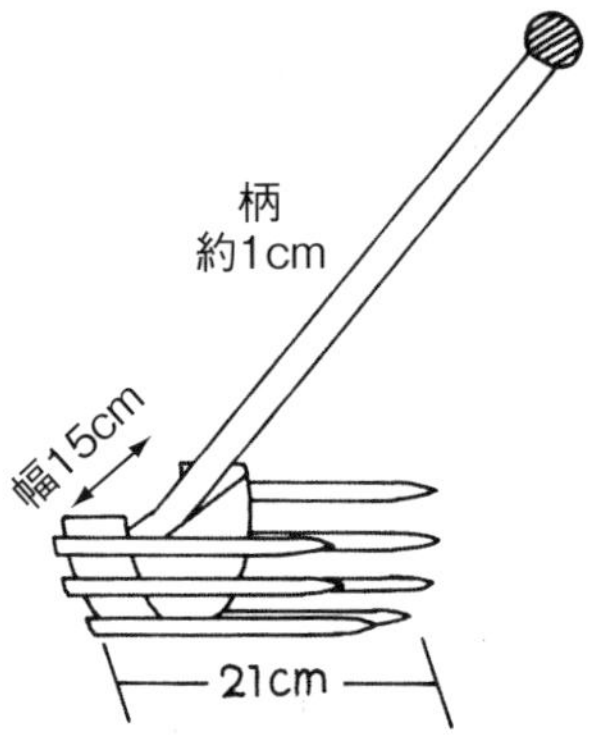
柄
約1cm
幅15cm
21cm

　高沢さんの溝掘りは、田植え後一〇日目ごろ一度水を落とし、また浅く水を入れ、田んぼの長い辺に沿って三本ずつ掘る。掘り方は、苗を一条またいで後退する。左足のところは溝を掘る条間で、鍬を土に打ち込んで七〇センチか一メートルをサーッと引っ張り、土をすくい上げて、右足の穴跡へ土を落とす。土を盛り上げると刈取りのときコンバインの刃が土にささるので田面を平らにする。

　約一〇〇メートルの溝を一本掘るのに三〇分ぐらいと早い。奥さんの弘子さんは四〇～五〇分だそうだ。

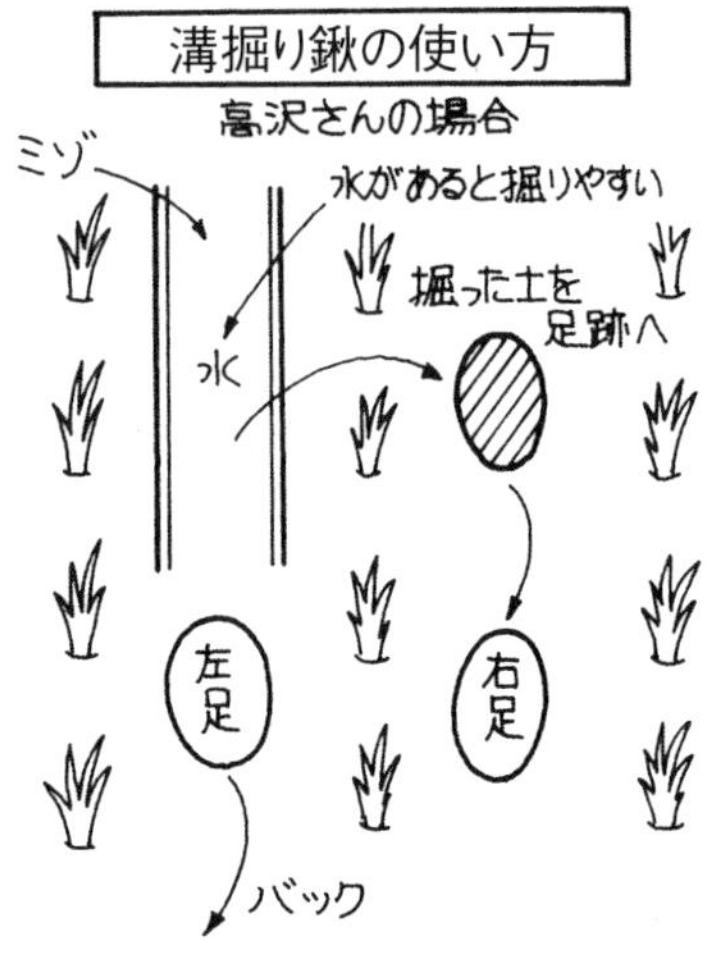
溝掘り鍬の使い方
高沢さんの場合
ミゾ
水があると掘りやすい
掘った土を
足跡へ
水
左足
右足
バック

肥料ふり―イネの見方と判断

■イネの葉色は太陽を背にして見る

田植え後一か月余りすると品種特有の葉色が現われ、ちがいがよくわかるようになる。同じころ一枚の田んぼの中での生育ムラも出始める。

扇のように株元から開いて分けつしているところは浅植えで、一株の植込み本数が二～三本と少ないイネだ。葉鞘は濃いが葉先は淡く見える。

一株全体が束になって葉先が立っているのは、一株に苗がたくさん植え込まれていたり、深植えになったりしたばあいだ。土質が似たところで、元肥の量が同じでも、トラクターによる耕深が一〇センチと一五センチでは、イネの姿、葉色がずいぶんちがってくる。

朝や夕方の田回りでは、イネの葉色で生育状態を見る。朝は田んぼの東側のアゼに立って西を向いて葉色を見る。夕方は西側から太陽を背にして田んぼの葉色を見る。こうすると生育ムラがよくわかる。

一般に写真をとるときと同様に、太陽光線を背にうけて田んぼを見ると色がよくわかる。逆光であったり、日中の太陽がギラギラと照っていたりするときは黒ずんで見えて、葉色がよくわからない。逆に、曇った日は葉色のちがいやムラ出来がよくわかる。

■少し離れて色ムラ診断

穂肥を施す時期や量についても葉色の変化を大切な目安にする。少し離れたところから田んぼを見ると葉色が淡く、近づいてアゼに立って見ると濃いイネは、栄養状態がよく健全に育っている。遠くから見て葉色が淡く、近づいて見るとやはり淡いイネには、すぐに追肥するようにしている。

アゼから見ているだけではほかの田んぼとの比較はむずかしい。だが、遠くから見れば生育のムラはよりはっきりわかる。

新葉が立っていて風でヒラヒラしていると淡く見える。しかし葉鞘に色があるばあいは、近づくと田んぼ全体が濃く見える。こんなときはイネに活力があり健全に育っていると判断している。

■葉色が落ちてもすぐに追肥は禁物

葉色が落ちてきたり、部分的にムラが見えたりしてくると、すぐムラ直しのための追肥を施す人がいる。しかし私は一度水を落とし、二～三日おいて新しい水を入れてから葉色の変化を見ることにしている。

土の中へ空気と新しい水を入れると、根が下層へ深く伸びることから葉色が濃くなってくるばあいがある。また反対に、ますます葉色が淡く、ムラ出来が広がるばあいもある。

このように、一度軽い田干しをして、土の中にチッソがどれくらい残っているかを確かめてから、ムラ直し追肥を施している。

♣ 作業ワンヒント

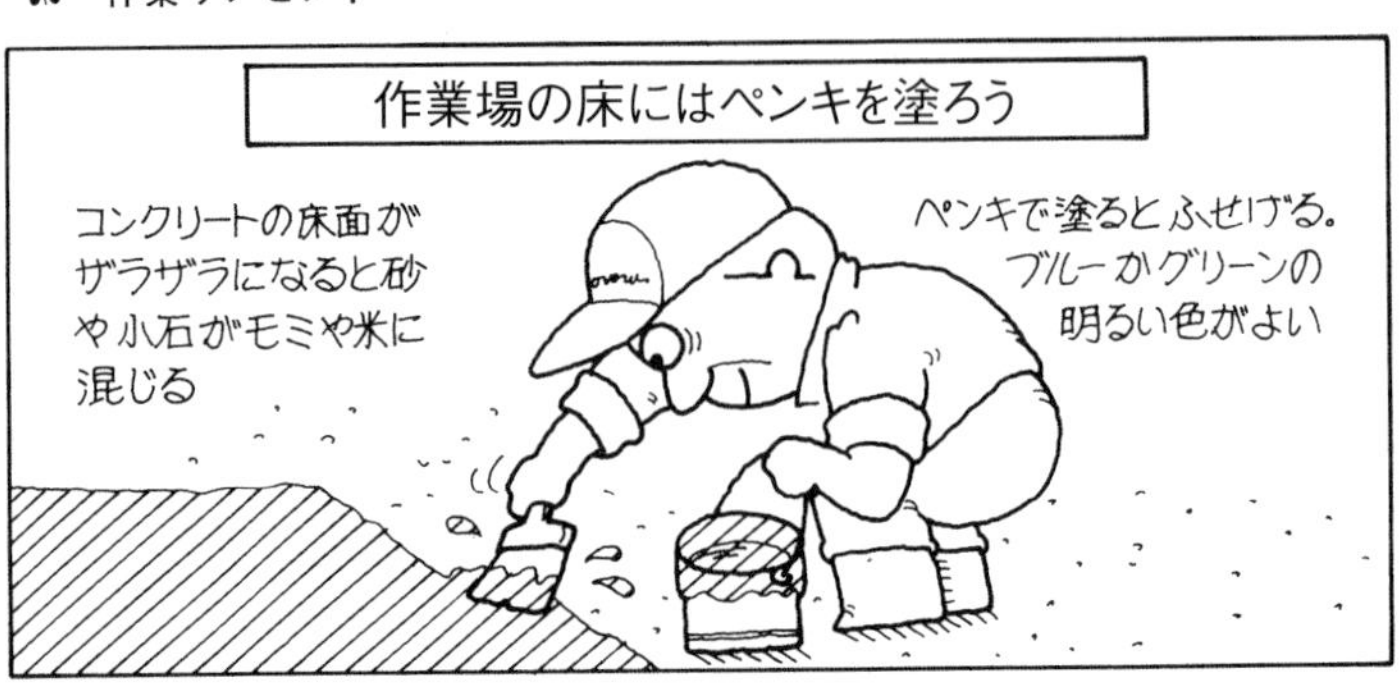
作業場の床にはペンキを塗ろう
コンクリートの床面がザラザラになると砂や小石がモミや米に混じる
ペンキで塗るとふせげる。ブルーかグリーンの明るい色がよい

知っておくと役立つ イネの見方

■茎の太さで穂の大きさを知る

六月下旬から七月上旬、イネにとってはおおよそ穂が出る四〇日前後にあたる（富山県の五月中旬田植えのコシヒカリのばあい）。このころは、穂肥の時期や量を判断する大切な時期だ。葉色を診断したり茎数を数えたりするのはもちろんだが、試してほしいのが茎の太さを測ること。私は「太い茎をつくろうや」と呼びかけているが、やってみると案外面白い。みんなでやるとワイワイガヤガヤ、アンタのは太い、オレのは細い、どれどれオレのは……なんて、老いも若きも、田んぼで話が弾むことまちがいない。

ちょっとした道具があればいい。それがノギスだ。イネの株元の茎の部分をノギスではさむと、その太さが目盛りの線の重なりでわかる。精密なものは高価だが、茎の太さを測る程度のものなら二〇〇〇円ほどで市販されている。

目安としては、一〇ミリ以上。茎の太さが一〇ミリ以上あれば、一穂一二〇〜一三〇粒はつく。しかも茎が太いから倒れにくい。穂肥もしっかりやれるイネだ。六ミリくらいの太さが一般的なイ

ノギスで茎の太さを測る

ネつくりの茎。これだと、せいぜい七〇〜八〇粒止まり。細いから倒れやすい。穂肥も慎重にならざるをえない。

ノギスがないばあいには、愛煙家ならタバコの太さと比べる方法もある。ふつうの紙巻きたばこの太さがおおよそ六ミリだ。それを目安にするといい。

■幼穂調べて穂の出る時期を知る

物の本によく出てるのが、茎を裂いて幼穂の生長を調べる方法だ。これが意外とむずかしい。農作業してきた男の指だ。太い。だから、茎を裂いて小さな幼穂を傷めずに取り出そうとしても、最後の最後でポロッと折れてしまう。それにイライラした近くの藤崎祐一さんが開発したのが幼穂調査器具である。

中古のホッチキスをベースにして、上の部分にカッターの刃を接着し、下の部分は砥石を加工して、茎を差し込む穴と、上からの刃が穴の中の茎をすっぱり切り落とすためのガイド溝が切ってあるすぐれものだ。本人は「売ろうと思うたら採算があわん」と大笑いしていたが自慢の品。

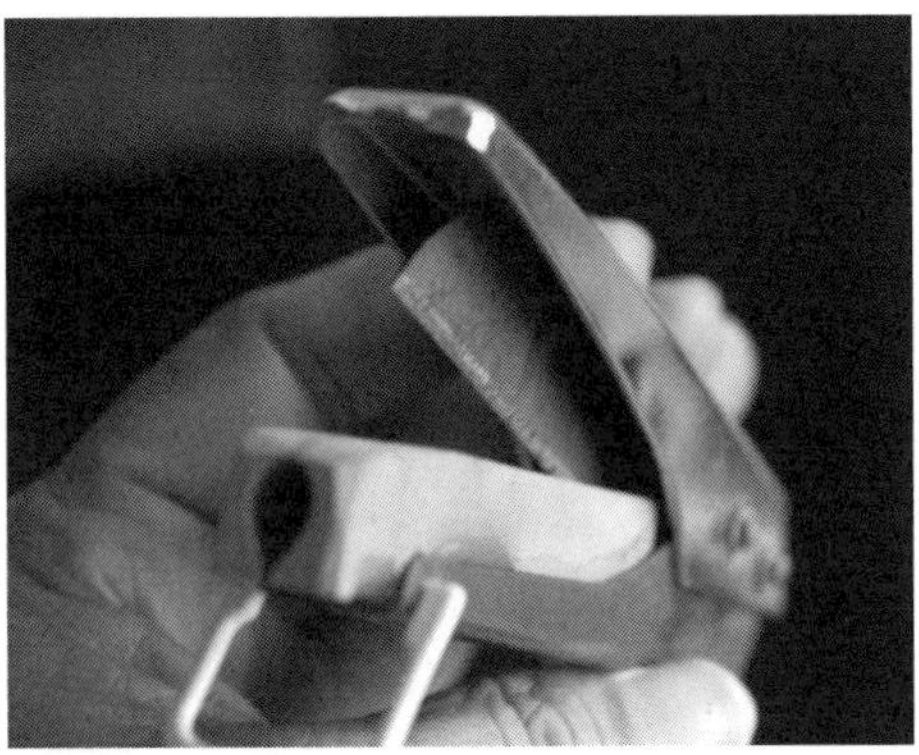
藤崎さんが自作した幼穂調査器具

確かに便利だ。茎を穴に差し込んで、ホッチキスを止める要領でパチンとやると、茎はまっぷたつに切り裂かれ、それを広げると幼穂が茎の中にきれいに残っている。その幼穂の長さを測れば、おおよその出穂前日数がわかる。

幼穂の長さの目安は——

▽一・〇〜一五ミリ　出穂二五日前（幼穂形成期）

▽四〇〜六〇ミリ　出穂一五〜一三日前（減数分裂初期）

▽一〇〇〜二〇〇ミリ　出穂一〇日前（減数分裂後期、いわゆる大穂孕期）

もちろん、爪で慎重に裂いていって幼穂を見てもいい。うまくいくと、思わず顔がほころんでくる。

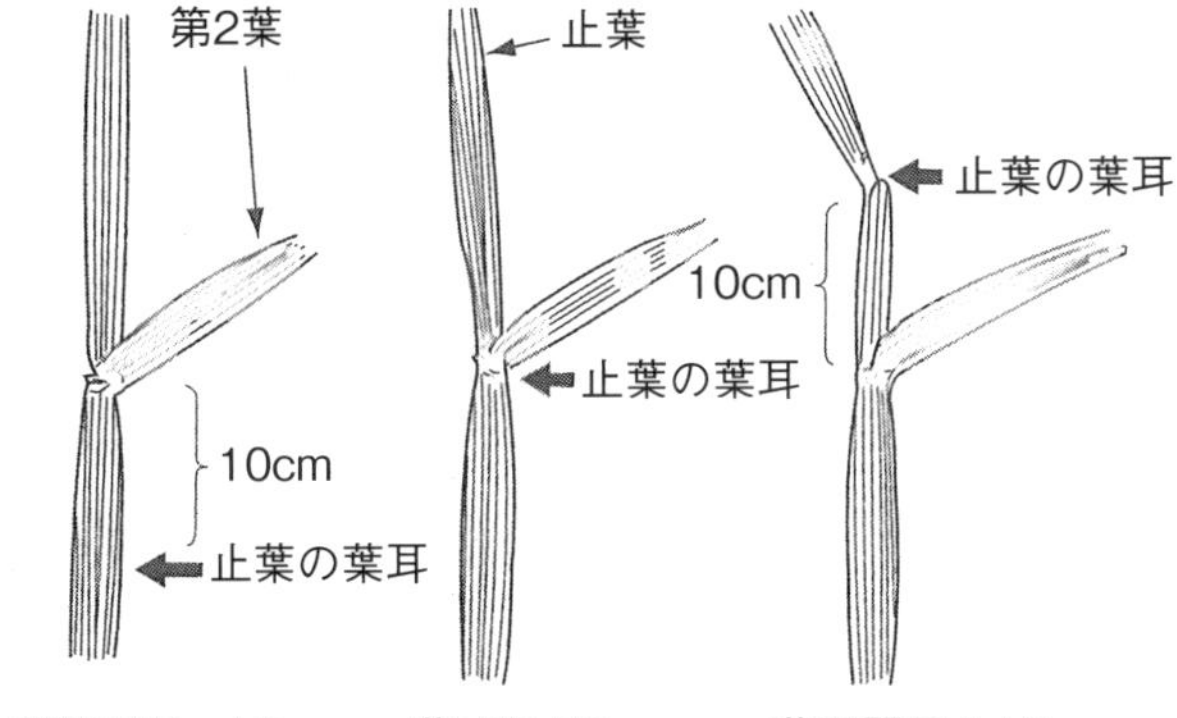
第2葉
10cm
止葉の葉耳
止葉
止葉の葉耳
止葉の葉耳
10cm

葉耳間長−10cm　葉耳間長0　葉耳間長＋10cm

■冷害危険期を知る葉耳間長調べ

最近は指導者もいわなくなってしまったが、知っておくとたいへん便利だと思うのが「葉耳間長」の見方だ。これがわかると、冷害をうけやすい時期（減数分裂期、出穂一五〜七日前）のイネかどうかが一目瞭然なのだ。

止葉が出始めたらイネを観察しておき、その下の葉（上位第二葉）の葉耳と止葉の葉耳の重なりぐあいを見て、茎の中にある穂がどんな状態にあるかを予測する。

見方は、止葉の葉耳がまだ第二葉の葉鞘に包まれていて、その位置が第二葉の葉耳の一〇センチ下にあるときがおおよそ「減数分裂開始」の時期。止葉と第二葉の葉耳が重なったときが、「減数分裂盛期」、そして止葉の葉耳が第二葉の葉耳から一〇センチ上に抜け出したときが「減数分裂終期」だ。

止葉の葉耳が、第二葉の葉耳のマイナス一〇センチ〜プラス一〇センチになるまでの間が、イネが低温にたいへんに弱い時期。葉耳間長の見方がわかれば、寒さが来そうなとき、前もって深水にしたりと、先手先手の手を打つことができる。

上手に肥料をふるコツ

大きな田んぼでの目安のつけ方

圃場整備が行なわれて田んぼ一枚の大きさが広くなると、つなぎ肥や穂肥をまくときの目安がむずかしくなってくる。切土部や盛土部、川跡があったりで、生育をそろえるための施肥はむずかしく、予定の量が入らず余ることもある。

福岡町鳥倉の中島明さんは、予定の肥料のほかに必ず予備の肥料を軽四トラックに積んで圃場に運ぶ。田んぼごとに新しく肥料袋を切り、イネの株出来を見ながらまきすすむ。そして計画量より残った量を、帰ってから計算して田んぼごとに施した量を確かめている。

田んぼの幅がアゼを含めて三〇メートルなので、イネが九六条から九八条植わっている。一回の肥料散布の幅を一二条として、四往復で一枚の田んぼをまき終えている。中島さんは右ききなので一条をまたぎ、右に五条と左に六条、合計一二条にまく（左ページ図）。

少量の肥料を施すばあいは、肥料桶を胸の前に掛け、ひと握りの肥料を体の右から左へかけて一二条の幅いっぱいを二度にふり、ついで前にすすみながら、今度は左から右へ三回こきざみに腕を振っててていねいに施す。

施す分量が多いばあい、ひとつかみの肥料を右から一二条の幅いっぱいにふり、返す手で左から右へまきながらすすむ。

出勤前に三〇アールの田んぼ二枚ほど施肥し、夕方帰宅してからも二枚は施す。

アゼに目印を立てて肥料をふる

舞谷の山崎久平さんは、ビニールの肥料空袋を棒に巻きつけ、田んぼの両側のアゼに一〇メートル間隔に立て、三〇アールの圃場をタテに三等分

肥料ふり

し、除草剤や肥料をまくときの目安にしている（次ページ図）。

棒の長さは、病害虫防除のときホースがじゃまにならないように、イネが穂を出したときの長さくらいにする。田んぼの色は緑が主体であるので、ピンクか黄色の肥料袋を使っている。

山崎さんは肥料と除草剤も、ビニールの目安棒で区切った一〇メートル幅を往復してまくので、一回のまき幅は一六条となる。

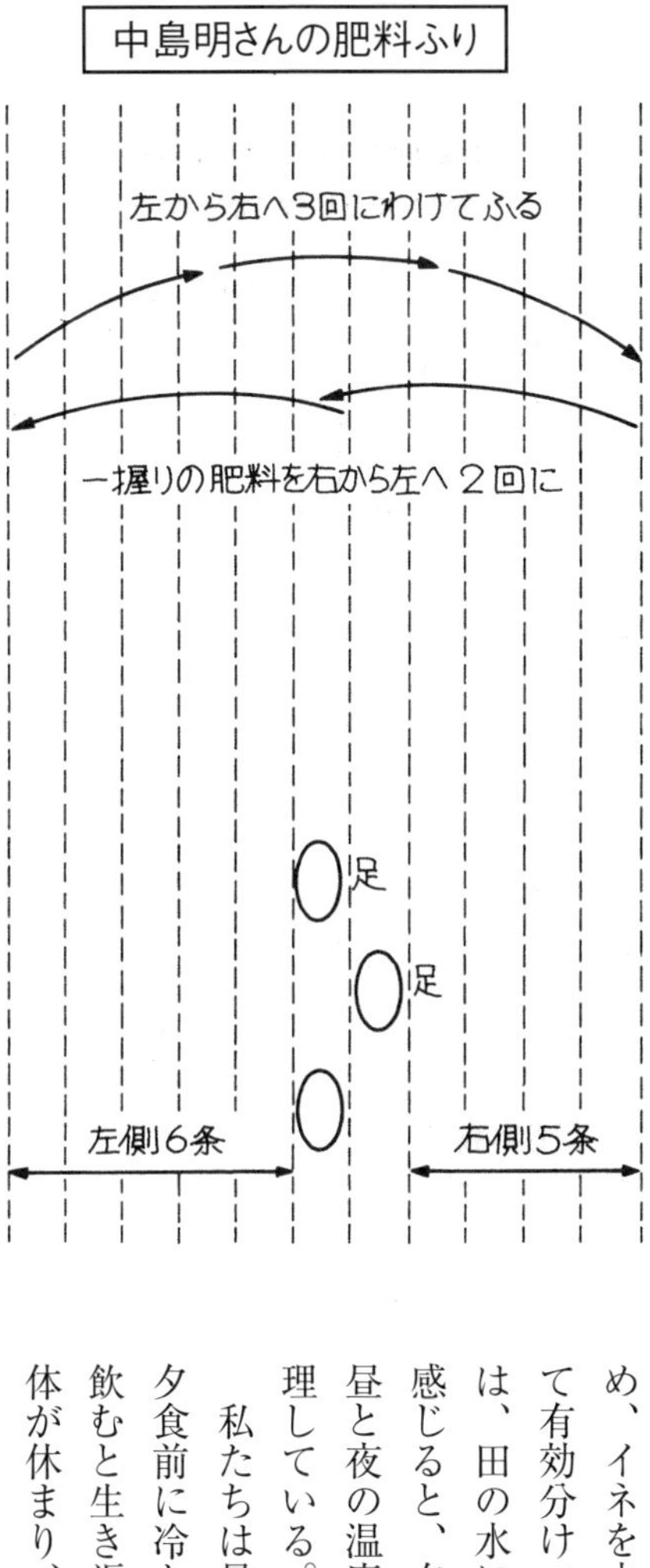
中島明さんの肥料ふり
左から右へ3回にわけてふる
一握りの肥料を右から左へ２回に
足
足
左側6条
右側5条

田んぼ全体にはきちんと計画した分量を施し、記録して収穫後の反省と次の年の計画に生かされている。田んぼの周囲のイネ三条くらいは、風通しや環境がよいので丈夫に育つ。そのため二回ほど穂肥を多く施して、確実に田んぼ全体の収量を上げている。

水の使い方も上手で、田植え後は用水の温度と田水温を毎日測っている。予定の分けつをとるまでは、用水の温度と田の水温の差が小さい朝日の出る前にかん水して田の水温を高め、イネを水で守っている。そして有効分けつを確保したころからは、田の水に手を入れ、温かいと感じると、夕方冷たい水を入れ、昼と夜の温度差がつくように水管理している。

私たちは暑い一日働いて帰り、夕食前に冷たいビールをグイーと飲むと生き返り、ぐっすりと寝て体が休まり、次の日元気がでる。イネでも同じことだ。

山崎久平さんの肥料ふり

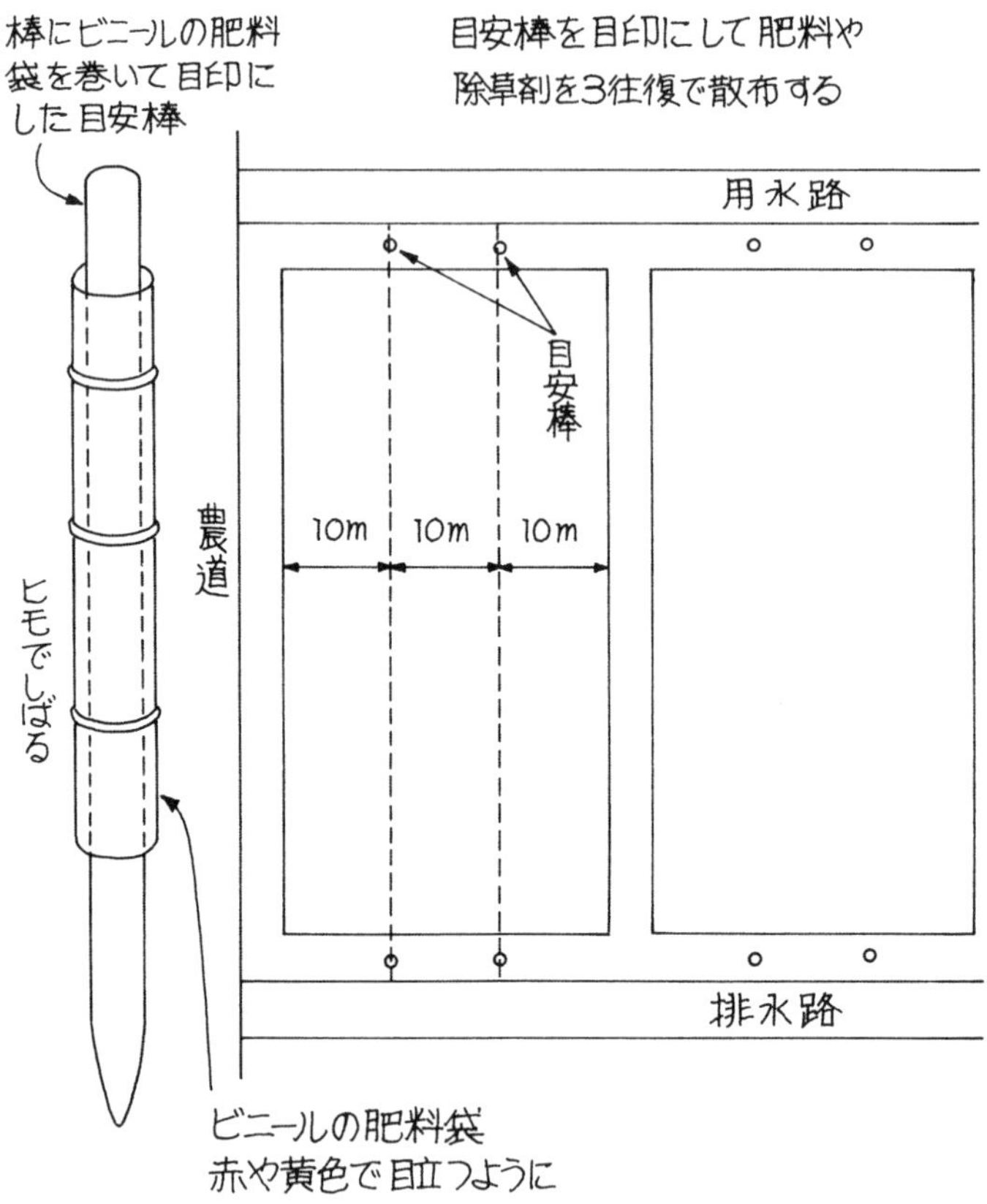
棒にビニールの肥料袋を巻いて目印にした目安棒
目安棒を目印にして肥料や除草剤を3往復で散布する
用水路
目安棒
農道
10m
10m
10m
ヒモでしばる
排水路
ビニールの肥料袋
赤や黄色で目立つように

追肥は水をためてから

肥料を施すときは必ず水を二～三センチためてから散布し、その水が土の中へしみ込んでから新しい水を入れることにしている。水があると施した肥料がムラなく溶けて、早くイネに吸われると思う。

植木鉢の草花を育ててみて、花の咲く時期は非常に水をほしがることでもわかるように、イネも幼穂形成期からは水を切らさないようにとつとめて気をくばっている。特別田干しを強くしなくても、イネが大きく育つと土中の水を非常に多く吸い上げる。根に活力があれば田の土は自然と乾いてくる。

穂肥と水管理で刈取りまで活力のある根を守り育てることが、確実に増収に結びつく道になる。

動力散布機を上手に使う

■ツユがあっても動散で適期散布

私はかつて穂肥は肥料桶を体の前に掛け、一度に半袋（一〇キロ）入れて、一回のまき幅を一五条としてまいていた。イネが短いころは一条をまたいで体の左右七条分に施肥していたが、よく条間を数えちがえたりもした。

朝、出勤前の追肥は、ツユで体がぬれると思うとおっくうになる。追肥してもイネの葉の上のツユで肥料が溶けて肥料焼けをおこしたり、葉耳に肥料の粒が引っかかり、それが溶けて葉を枯らしたりしたこともある。

そこで夕方勤めから帰ってからにしようと思っていたのが、帰宅が遅くなる。一日延ばしが、雨が降って適期をのがし、モミ数を減らしてしまった経験もある。また勤務時間が不規則になりがちなので、やれるときにと一度に量を多く施し、止葉を異常に長くして不稔粒を多くしたこともある。登熟期に好天が続いたときなど、水と肥料を切らさずにやっておけばもっと増収したのにと悔やんだことが多かった。

こんな苦い経験から、今では手散布をやめて、能率のあがる動力背負肥料散布機で、畦畔噴頭を使って穂肥を施している。田んぼのまわりのアゼからまくので、三〇アールの田んぼも一〇分とはかからない。

風力が強いので葉の上や葉耳に引っかかることがなく、朝でも夕方でも葉色のよくわかるときに肥料をやることができるようになった。

しかし、この動散も、使い方や段取りのしかたによっては思ったほどの効果があがらないことがある。

効果を高めるちょっとした工夫

●肥料は粒の大きいものを使う

肥料の種類によって、細粒のものと、少し大きい粒状のものとがある。粒が大きいほうが風を多くうけるので遠くまでよく飛ぶ。私は粒径の大きいものを使っている。

粒径の大きさがちがう肥料を混合したばあい、手もとに多く落ちるものや遠くへよく飛ぶものがあるので、噴頭を少し左右に振ってまく。

●エンジンの加減で重なり散布を防ぐ

一般によく使われる追肥用の化成肥料は一七～一八メートル飛ぶ。エンジンの回転で風量、肥料のでる量を加減しないと、幅三〇メートルの田んぼの中ほどの二～三メートルは肥料が重なってしまう。はじめて肥料をまくときは、母ちゃんに田んぼのどこまで肥料が飛んでいるか見て合図をしてもらう。

●アゼぎわは補正散布

また噴頭の手もと、アゼぎわ一・五～二メートルは肥料の落ちる量が少ないので、補正散布する必要がある。アゼを一五歩くらい歩いてから、噴口をアゼに沿って向けてまく。

または、田んぼの周囲からの散布が終わってから噴頭を全部はずし、エンジンの回転をぐっと落としてアゼぎわを補正散布する。

●重くても噴頭の長さを縮めない

噴頭が四本継ぎのばあい、長くて重いからと手もとの一本をはずして使う人がある。しかし、これではムラ散布になる。機械メーカーでは風力を勘案したうえで設計してあるからだ。噴頭のホースは右側についているので、必ず体の前で曲げて、左手を噴頭に添えて持ち、左に肥料を飛ばすようにする。肩のほうからヒモで噴頭を吊るように支えるとラクになる。

また手もとの一本をはずして三本の噴頭でまくばあいは、手もとの噴出孔をテープでふさぐと、肥料は遠くまでよく飛ぶようになる。

●ホース施肥は尿素以外は注意

肥料散布用のパイプホースが市販されているが、現在のおおかたの肥料は角張っているのでホースが早く破れやすい。尿素のように粒が丸く

肥料ふり

て二ミリ以下の小さい肥料は、粒剤用のホースを使う。母ちゃんに先を持ってもらえば、手まきや噴頭でまくよりムラなくまけて能率がよい。

●肥料と一緒に体重計を用意

追肥を施す時期や田んぼの大きさによってタンクに入れる量がちがう。こんなときのために分量を測る体重計をトラックに肥料と一緒に積んでおくと、田んぼで手軽にしかも確実に施せる。

●剤によって落下量を調節

肥料専用の散布機でなく、農薬、除草剤といった、粉剤、粒剤もまける兼用機のばあい、タンクから剤が落下する量を加減する。そのためのレバーは機種によって表示がちがい、「+」と「−」や「多」と「少」になっている。ところが肥料をまくときも、農薬をまくときも、レバーの取付け位置を変えないで、手もとの調節レバーだけで調節している人が多い。これではうまくまけない。

粒剤のように粒のばあいは、二段階調節の機種は「少」に、三段階の機種は「中」に、粉剤はタンクから落ちにくいから「多」または「+」の位置に調整することを忘れない。調節ピン一本を差し替えるだけでできるのだから。

●使用後は必ず水洗い

肥料を散布したあとは必ず機械を水で洗っておくこと。また近いうちに使うからと放っておくと、いつの間にかサビがでてくる。

タンクに水を入れエンジンをかけ、風の吹きだす筒先を手で押さえてふさぎ、風を逆流させてタンクの中を洗い、水を出してから水分を吹き飛ばすこともできる。しかし逆流は長い間やっているとエンジンにムリがかかる。水洗いがすんで、内部、外部とも乾いたらスプレーのサビ止めを吹きつけるとよい。

農薬をピシャリ効かせる

■病気と害虫では防除のしかたがちがう

　農薬散布は、日中よりも、風がなく下降気流となる朝や夕方のほうが薬がよくイネの株元に入り効果的だ。私は害虫を防除するときは、虫がイネを登り始める朝方の風のないときに行なうようにしている。逆に、いもち病などの病気の菌は夕方から夜間に活動（胞子が飛散）するので、夕方防除するようにしている。

　株元のモンガレ（紋枯）病、上の穂いもち、そして害虫のウンカなどが同時に防除できるという農薬もあるが、一緒に防除できるような都合のいい発生をしてくれるかどうかはわからない。ひょっとしたら、どれにも効かないかもしれない。防除の対象、目的をはっきりとし、不必要な薬剤（成分）が入っている混合剤は使用しないようにしている。

　病気の防除と害虫の防除とでは薬のうすめ方も散布のしかたもちがう。

　農薬の説明書には一〇〇〇～二〇〇〇倍などと

表示がある。病気の防除のばあいは濃度のうすい二〇〇〇倍液をつくり、よくかかるようていねいに散布する。そのほうが薬害もでないし、防除の効果も大きい。

害虫防除のばあいは、一回の農薬散布で害虫をピシャリと退治する。そのため一〇〇〇倍の濃い薬液をつくり、少量でも虫にかかれば確実に死ぬように散布する。害虫のばあい、うすい薬液を何回も散布すると生き残った虫に抵抗力がつき、あとで急激に増殖して被害を大きくさせるからだ。

株元まで 十分
薬がとどくように
水を落としてから
散布する

適期をのがすより小雨でも決行

モンガレ病のように急激にまん延すると見込まれる病気のばあいは、小雨でも防除する。小雨で薬の効きめが若干落ちるとしても迷わずに防除する。また農薬を散布したあと小雨が降ったばあい、十分にかからなかった部位に薬剤が流れ込んで防除効果があがることもある。

穂いもちにしても、防除の適期をのがして病気が広がってから何回も防除するよりも、小雨でも防除したほうがマシだ。

農薬を散布するとき、前日から田んぼの水を落とし、イネの株元まで十分に農薬がとどき、よく茎や葉に付着するようにする。とくに株元に多いモンガレ病や、害虫を防除するばあいには、水を落として行なう。水は半日以上たってからかん水する。

木の小枝がゆれるくらいの風速（三メートル以上）のときは、風で農薬が飛び、まきムラになるので散布しない。

夫婦の共同作戦を成功させる散布術

農薬散布は動散にパイプホースをつけて、夫婦二人で行なっていることが多い。これも注意しないと、せっかくの夫婦共同作戦も効果があがらず、作戦失敗になってしまう。

■ホースをたたかなくてよい気くばりを

パイプホースの先を持って、膨らんだホースをトントンたたきながら歩く人がいる。しかし、たたいたりゆさぶったりするとかえってホースが波を打ち、中に農薬がたまりやすく、散布ムラができやすい。る人が気くばりしてホースを水平に保つようエンジンの回転を調整し、農薬も均一に出るように風量を加減する。こんなときは排気量の大きいものが調整しやすい。

■葉のツユが穴をふさぎ散布ムラをよぶ

朝早いときや夕暮れちかくなると、イネは葉先にツユを結ぶ。こんなとき防除するとパイプホースが葉先にふれてぬれてしまい、ホースの穴がつまり、農薬が出なくなる。ホースの中に薬がたまるとホースはますます重く下がり、波を打ったり

ツユにぬれた
葉先にふれて
穴がつまって
しまった

農薬散布

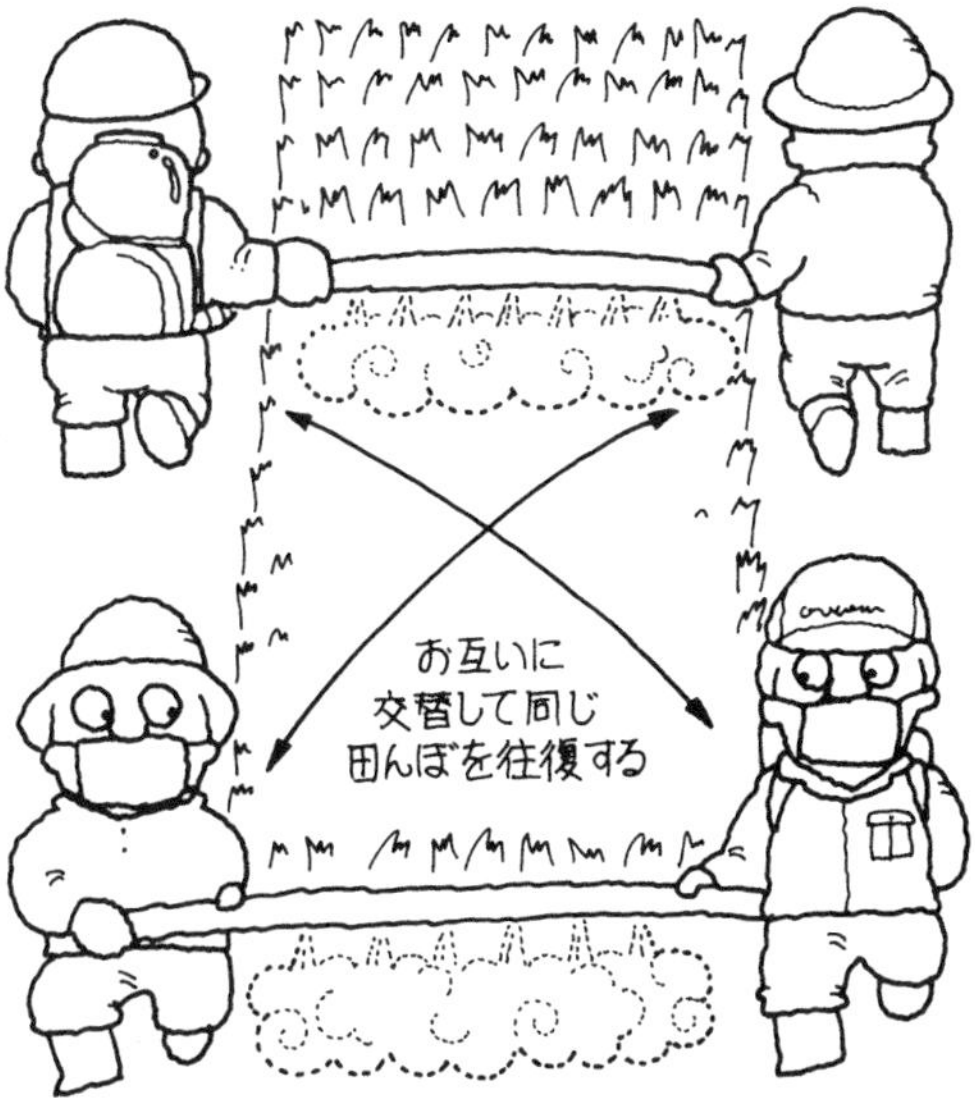

する。農薬の出方にムラができる。そうなると、まく予定の量が余ったり、途中で足りなくなったりする。

母ちゃんがイネの葉先より二〇～三〇センチ上くらいの高さにホースを上げ続けられるように、父ちゃんは動散や歩く速さの調節をしないといけない。

■DL散布はホース穴とまきすぎに注意

イネが大きく繁茂してきたときや、モンガレ（紋枯）病を防除するばあいは、株元までよく農薬を吹きつけなければならない。この点、DL粉剤だとよく効く。しかし、DL用のホースのつけ方をまちがえるとたいへんだ。機械の取付け部位の穴が大きく、先のほうの穴が小さいように、DL用のホースを取り付ける。ふつうの粉剤を散布するときは逆に、機械に近いほうの穴が小さく、先のほうの穴が大きいホースを使う。

またDL粉剤は粉が舞い上がらないので、量を多くまきやすい。散布のときは粉の出方を加減するシャッターの目盛りを、粉剤より二段くらいしめてまくとよい。

■往復散布ならムラなくまける

ホースの穴から出る農薬は、まっすぐ下に落ちて広がるようにしている。しかし実際はイネに対して斜めに吹きつけたり、ホースの先と手もとのほうと農薬の出方が一定でないことがある。こんなときはホースの先を持つ人の歩いたところと交替して同じ田んぼを往復して散布すると、確実にムラなくまける。

カメムシ対策のコツのコツ

■畦畔の草刈り三回でカメムシの被害なし

米が実っている最中に、籾がらの外側からクチバシを突き刺して中の乳液を吸い、斑点米をつくる犯人はカメムシとされている。斑点米は等級を落とす重大な原因となっているだけに、しっかりと被害をおさえたい。

カメムシはその種類が多く、地域によってすんでいる種類がちがうようだ。私の地方ではトラシラホシカメムシとホソハリカメムシが多い。エサはイネ科の雑草で、雑草が出穂してから三週間までの、やわらかい実が好きだ。

だから、イネ科の雑草の実ができないように草刈りしてあるアゼにはカメムシはいない。

私はアゼの草刈りをイナ作期間中に三回行なっている。それで、カメムシによる斑点米の被害粒はきわめて少ない。

一回目の草刈りは、田植え前だ。

二回目は、植えている品種の出穂時期にあわせる。早生は七月下旬、中生のコシヒカリは八月中旬に穂が出るので、その三週間ほど前に草刈りをする。だいたい、七月上〜中旬が二回目の草刈りだ。

三回目は、イネの出穂期だ。

この三回の草刈りで、カメムシのエサになるイネ科の雑草を刈り払う。そのころの休日は、地域全体が「草刈りデー」になる。

草刈りは、できるだけ雑草の再生が遅くなるように刈るのがコツだ。それで私は、草刈機の刃は、刈刃式ではなく、ビニールヒモ式のものを使っている。それで、雑草を根こそぎ削りとるような気持ちで行なっている。

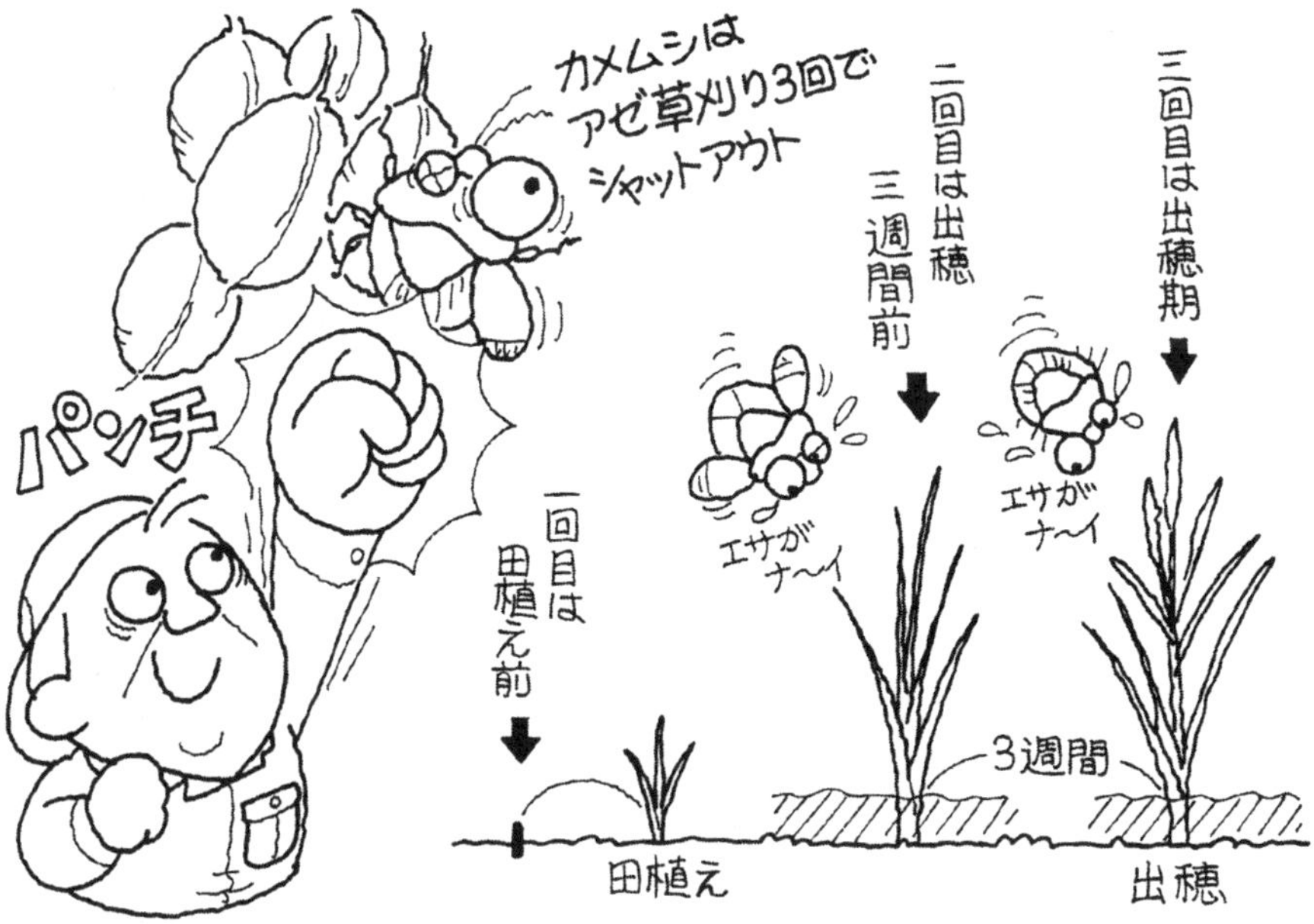

■草刈機など小型エンジンにはハイオクを使う

私の地方では、ＪＡや農村部のスタンドでは、小型ガソリンエンジンのついた作業機用に、あらかじめガソリンとオイルの混合油をつくって販売するようになってきた。たいへん便利だが、私は、草刈機、防除機、肥料散布機などの小型のガソリンエンジンには、燃料に使用するガソリンはレギュラーではなくハイオクタンガソリン（ハイオク）を使う。

一般には、ガソリンとオイルの混合比は二〇対一に混合されるが、私は、ハイオクに良質オイルを五〇対一で混ぜる。ガソリン五リットルにオイル一〇〇ccの割合である。ハイオクはリットル当たり一〇円ほど高いが、プラグの汚れも少なく、エンジンの始動も快適である。

台風からイネを守る

■やっておきたい八つの事前対策

①台風がくる直前のチッソ肥料の追肥は、被害を大きくするので行なわない。

②水田に水を湛えて、イネの地上部からの水分の損失を補給できるようにしておく。

③村ぐるみで用水路、排水路の肩の雑草や用水路に生えている川藻などを刈り取り、水の流れをよくしておく。また小さな用水路にかけてある木の橋などは、流されて途中に引っかかり水をあふれさせるので、あらかじめはずしておく。

④浸水や冠水のおそれがあるところはアゼを二〜三か所切って排水がよくなるようにしておく。

⑤イネをハサがけ乾燥しているばあいは、間引きして風通しをよくするとともに、支柱を丈夫に補強する。

⑥刈り取ったイネ束を積み上げたニオには縄をかけ、おおいが飛ばないようにしておく。

⑦田んぼにあるコンバインなど農機具はできるだけ作業場や格納庫へ入れるか、雨にぬれないようにしっかりとおおっておく。

⑧作業場は、肥料や農薬、飼料などの保管場所は、雨風が入らないよう点検し、補強しておく。

台風のあともあわてずに

①風台風のあとは、イネは葉が裂けたり、ゆさぶられたり、水分を取られたりして弱っているので、きれいな水を二〜三日湛えて落ちつかせる。イネが落ちつくまでは水田には入らない。

②シラハガレ（白葉枯）病やいもち病が発生しやすいので予防剤を散布する。

③台風で弱ったイネに追肥をして早く元気にしようと考えてはいけない。イネが十分回復してからチッソを追肥する。早く立ち直ってほしいばかりに、つい肥料をやってしまいがちだが、四〜五日待っていると新葉が出て、株が起き上がることもある。数日後には見ちがえるように回復するのはよくあることだ。そうなるかどうか、見きわめてから追肥をやっても遅くはない。いくら早く追肥を施しても、吸う力のないイネには何の意味もないし、肥料のやりすぎのほうがあとあとこわい。

④倒伏の程度にもよるが、出穂後二〇日以内ならば、イネの株を起こしてやれば登熟の低下防止に効果がある。

⑤全面倒伏した圃場では、刈取りまでに雨が降ったり湛水したりすると穂が土につき、穂発芽しやすく、また茎や葉が腐りやすい。アゼを切り、排水をよくする。

⑥熱風が吹きつける熱台風は、数日後から褐変モミが目立った経験がある。とくに農道やアゼぎわのイネ三条くらいに多く現われた。そこで刈取り前に穂を取り、玄米の変色状態をあらかじめ調べてみた。そして、圃場の周囲約四条のモミは刈取りから乾燥・調製までを別扱いとして、全体の産米に少しでも着色粒が混じらないように農家に気をくばっていただいた。

⑦雨台風などでイネが冠水したばあい、葉先が少しでも早く水中から出るように排水につとめる。新しい水の入れ替えだけでも回復を早める。

⑧水が引くとき、イネの葉についている泥やゴミを竹などでゆり落とす。また、退水直後、晴天のときは葉が急にしおれやすい。そこで一度に水を落とさず、新しい水を徐々に入れ替える。

⑨倒伏して泥に汚れたイネは、刈取りから調製まで別扱いにして早めに処理する。

収穫直前―品質アップの工夫

■刈取り五～七日前まで水を切らさない

節間伸長期には新根の発生は少なくなり、根の酸化力も弱まってくる。一方、穂ばらみ期から出穂・開花期は最も水を必要とする時期であり、この時期には土壌中の水分が不足しないように心がける。そのためにもけっして強い田干しは行なわない。

遅くまで田に水を入れておくとコンバインの運転操作がむずかしいので、落水を早める人が多い。しかし早く落水すると米粒の肥大が悪く、収量が伸びない。それだけでなく、根の活力が急速に弱まり、胴割れ米や未熟粒、変色米の増加に結びつく。

田面の足跡に水が残る程度に水分を保ち、刈取り予定の五～七日前ごろまでは土壌が急激に乾燥しないようにする。

乾いた熱風が吹きつけるフェーンのばあい、とくに出穂から登熟初期にかけてのフェーンは褐変

用水が充分あった方が等級がよかった（富山県経済連調べ）

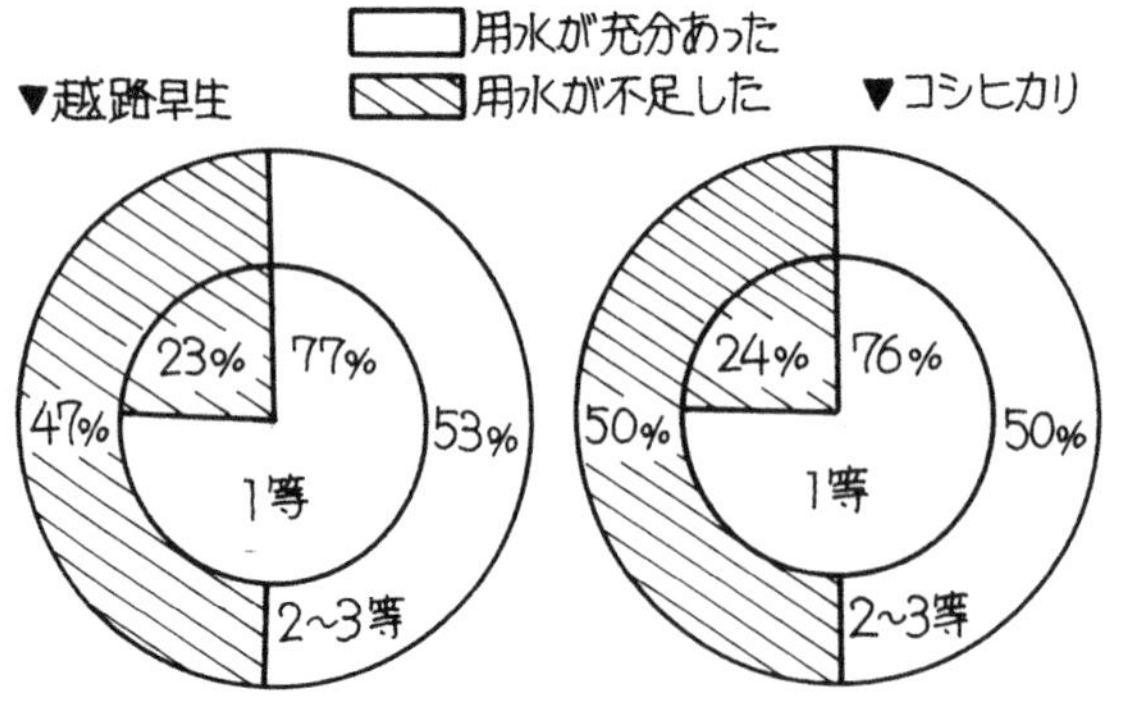

モミの多発の原因になる。このとき、イネの体から水分が急速に蒸散し、水分不足によってイネが衰弱する。フェーンが予想されるときはあらかじめ湛水するか、冷水を入れて地温の上昇を防ぎ、イネの体と根を守ってやると、変色米が少なくなる。

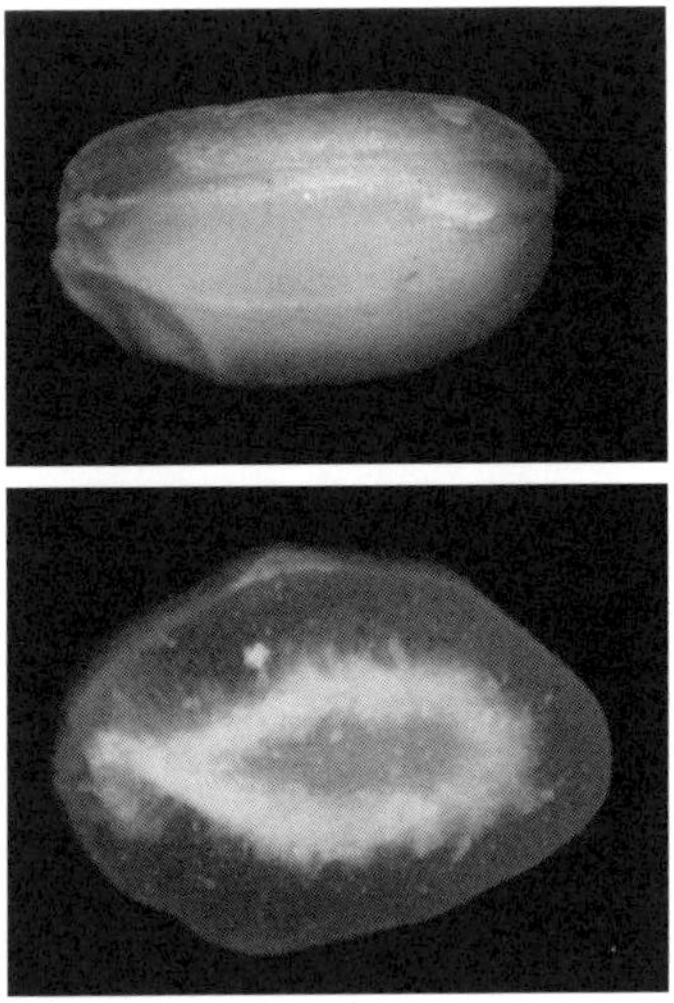
白未熟米（シラタ）
（写真提供：森田敏氏）

「シラタ」回避は水と肥料に着目

このところ、「シラタ」と呼ばれる白未熟米（玄米の全体あるいは一部が白く濁った未熟粒）による等級落ちが問題になっている。フェーンによる急激な高温乾燥がなくても発生するから厄介だ。高温登熟障害ともいわれているが、確かに以前に比べると登熟期の気温は上昇している。田植え時期を遅らせ、出穂期を遅らせて高温期を避けることで、シラタの発生は減った。

それだけでなく、シラタの発生は、コンバインによる収穫作業をうまくやるために登熟期の水を早く落としすぎていることや、食味の関係から穂肥を毛嫌いしてイネが栄養失調になっていることも大きく関係していると私はにらんでいる。

穂肥は間にあわないが、水管理ならなんとかなる。夜間の穂の温度を下げることが重要で、夜間の入水やかけ流しが効果をもたらすといわれている。イネの根が元気なら、土の中に残った肥料を吸ってもくれるというものだ。水は積極的に活かしたい。

■品種によって刈取り時期の判断がちがう

越路早生やコシヒカリのように登熟が比較的よくそろう品種は刈取り適期の判断がつきやすい。しかし登熟の早い品種で、二次枝梗にモミの多い品種は刈取り適期の判断がむずかしく、刈り遅れて立毛胴割れ米が出やすい。

一次枝梗につくモミは三〇日目ころまでに肥大が終わるが、二次枝梗についたモミは三〇日目ころから肥大が始まる。二次枝梗のモミにまだ緑色が残っていてもそのモミが肥大するのを待っていると、一次枝梗の先端部分のモミが立毛胴割れする。

早生は立毛胴割れ米ができやすい。早生の作付けが多いばあいは一穂の中で黄化モミが八〇～八五%になれば刈り、適期内に刈り終えるようにする。モミ割れが多いときは、刈取り時のコンバインのこき胴の回転数を約一割落として刈ることだ。

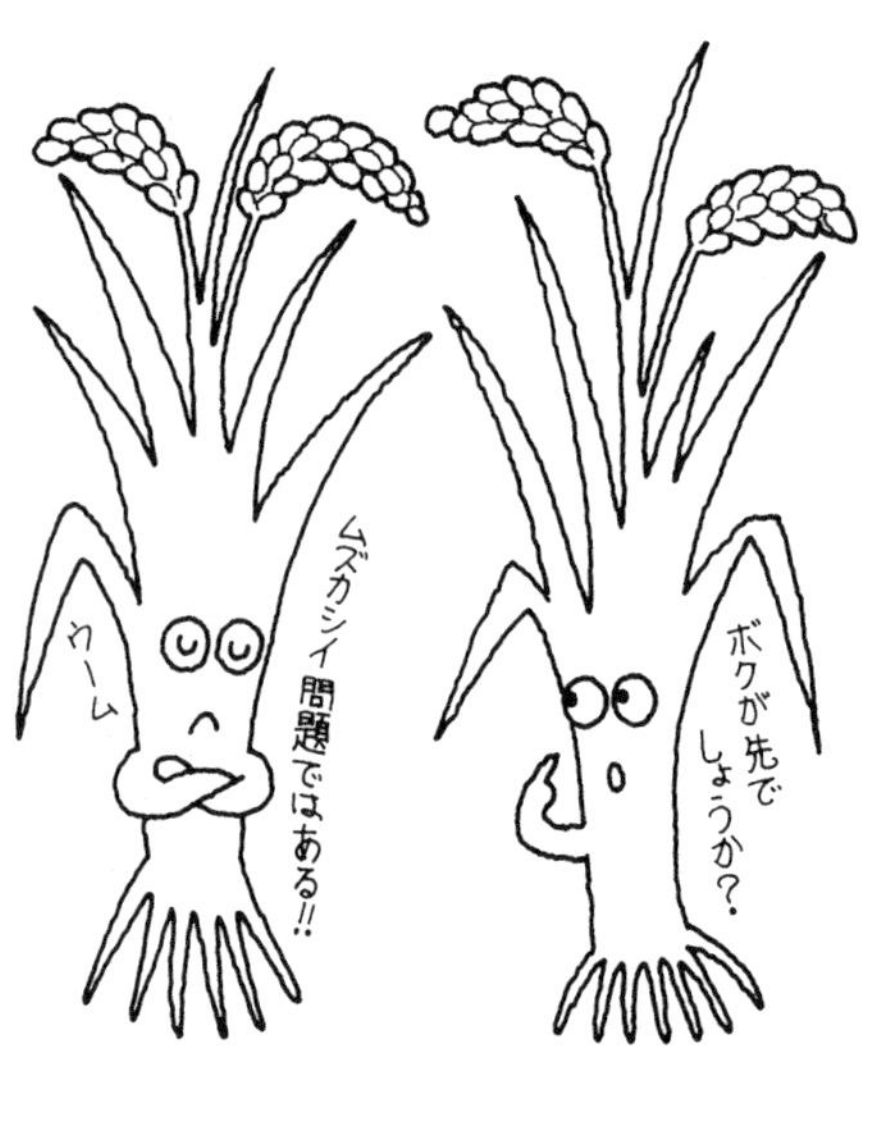

■変色米—だしてしまったあとの対策

刈取りは品質と収量が最大になったときがよいが、刈り遅れるにしたがって変色米がふえる傾向がある。モミの表皮が茶褐色になっているものは変色米が多い。同一品種の作付け面積に対し、コンバインや乾燥機の能力を考え、早めに刈り始め適期内に刈り終わるように計画する。

アゼぎわなどに茶褐色のモミが多く見えたばあいは、アゼぎわの三～四列のモミを別扱いで乾燥・調製すること。アゼぎわのモミを全体に混ぜて全体の品質を落とさないように気をくばる。

母ちゃんの負担を軽く

■モミ運びは重労働

コンバインによるイネ刈りやムギ刈りにかぎらず、トラクターや田植え作業にしても、機械を使った仕事はいろいろな心がけですすめられている。

①機械を使って人の手間を省こうという考えで作業をする人。

②少し人手をかけても、機械に能率を上げさせようという人。

私は①の考えで農作業を行なう場面が多い。現在は、袋どりコンバイン（二条刈り）を改造したグレンタンク型（後述）を使うようになったが、数年前までは袋どりだった。読者のなかには袋どりを使っている人も多いと思うので、以下は当時の工夫を紹介する。

イネ刈りではコンバインの運転は私で、モミ運びは母ちゃんの役目になっていた。

最初のころは、コンバインの進入口三メートル四方とアゼぎわ一条、それに田の隅三メートル×四メートルくらいは手刈りしていた。そして、田んぼに機械を入れたら能率が上がるよう方向転換にも枕地を広くとって、機械を止めたり変速した

四隅の手刈りを最小にする手刈りのしかた

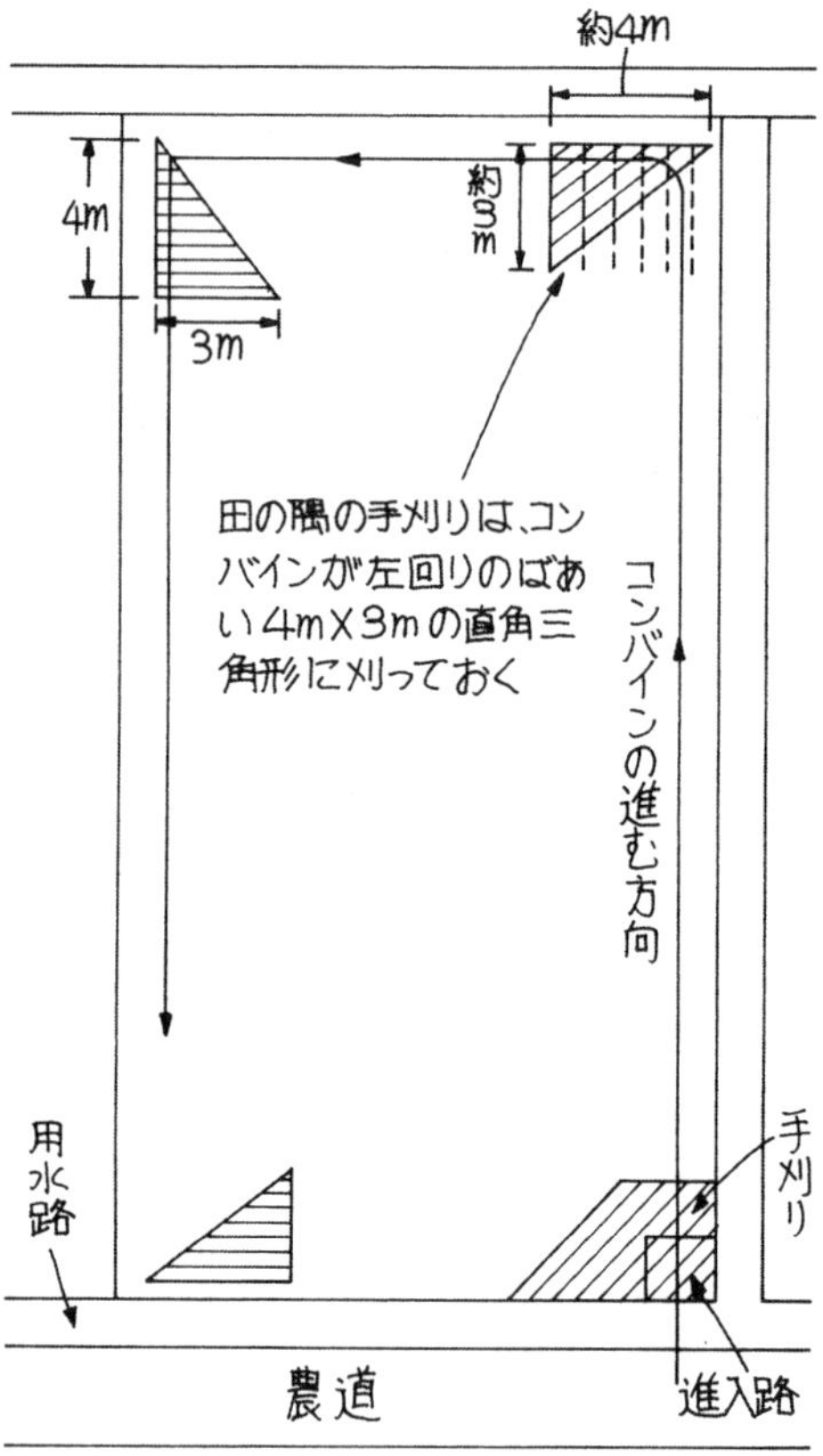
約4m
4m
約3m
3m
田の隅の手刈りは、コンバインが左回りのばあい4m×3mの直角三角形に刈っておく
コンバインの進む方向
用水路
手刈り
農道
進入路

りバックしたりなどはできるだけしないですむやり方で作業してきた。

田んぼに入り初めての刈出しも、アゼぎわ二条を残して四周したところで逆回りし、残していたアゼぎわを刈った。しかし、これでは手刈りの面積が非常に多く、あとで手刈りしたイネを機械を止めて脱穀する手間がかかる。

また、アゼぎわ二条を残して中割りの様式で刈っていくと、八〇メートルから一〇〇メートルの長い二条を刈りすすむうちモミの袋が四袋以上つまってしまう。そのため、途中でアゼまで運び出すか、刈り取った跡に置くかし、母ちゃんが一輪車でアゼを伝って農道のトラックまで運んで積み上げる。刈り取った水分の多い生モミをあまり長い間袋につめたまま強い陽に当てておくと変質するから、二〇袋くらいたまると作業場まで運び、乾燥機に張り込み、風を送っていた。

モミ袋の大きさにも種類がある。いっぱいつまると二袋半くらいでコメ一俵分になる大きめのものと、だいたい三袋でコメ一俵分になるものが多い。一袋でモミは三〇キロ前後の重さがある。かりにモミ袋が三〇あれば、だいたい一〇俵ちかくとれた、と勘定できる。

収穫

一日三反歩刈るとなれば、三〇キロの袋を八〇から九〇も運び乾燥機に入れることになり、最近の農作業では重労働の分野となる。

■母ちゃんをラクにする六つの工夫

母ちゃんにできるだけ負担をかけない方法は次のとおり。

①田植えのときアゼぎわを約二〇センチ離して植える。こうすると手刈りをしなくてもすむ（七六ページ参照）。二条田植えのコースにしたがって二条刈りするので、条間の広い狭いで刈り残しや他の列の株を踏む心配をしなくてもよい。

②モミをたくわえるストッカーを付け、モミ二袋がつまったあと約二袋分もたくわえることができるようにする。そのため、はじめの周り刈りのときなど条が長いので、田んぼの中やアゼにモミ袋を置くことになるが、枕地刈りも終わり、直条刈りになれば、トラックを停めた農道側で袋を降ろすことができる。

③田んぼのあちこちに置いたモミの袋も、コンバインのモミ受け台や脱穀部の上などに乗せると五袋は運搬できる。一輪車は使わないでコンバインでモミ袋を運搬する。

④田の隅の手刈りも最小限の三角形に刈り、ときには機械を止めて、踏みそうな株だけを刈り、すぐに脱穀してすすめる。

三条刈り以上の大型は前進、バックの斜め刈りでほとんど手刈りはいらないが、二条刈りの刈幅では左回りの最小限の手間はかける。

⑤モミ袋はトラックのある農道側で降ろす。

枕地刈りを念頭に旋回にゆとりをもたせるため七周する。コンバインの長さが約三メートルあり、七周すると刈り取った幅が四メートル余りの広さになるので確実に方向転換ができる。

田んぼの幅が三〇メートル以内ならば、周り刈りのあとは約二〇メートルの刈取り面が残るから、イネの立毛状態にもよるが、中割りをせず枕地を空運転しながら直線条列を確実に刈る。

周り刈りをすると刈る長さがしだいに短くなるので、袋にモミがつまる位置がちがい、予測しにくい。しかし周り刈りが終わり直条刈りになれば同じ長さを刈ることになるので、袋にモミのつま

る位置が予測でき、農道側で袋を降ろすこともできる。トラックのあるところで機械を止め、モミ袋をはずし、そのままトラックに積み上げる。

また並木植えの横刈りや斜め刈りは、二条刈りのコンバインでは、穂先がそろわなかったり落ち穂になったりするものが多い。

⑥袋にいっぱいモミをつめない。男がモミの入った袋を扱うばあい、袋にいっぱいつめたものは少し重いが、肩にかつげば扱いやすい。しかし、母ちゃんのばあいは軽くないと疲れて長続きしないので、満ぱいにつめないように心がける。

一反歩の刈取りに二時間かかるとしても、乾燥機の能力が一日に二反半くらいだとしたら、朝の刈取り開始が一〇時をすぎても機械にゆとりがある。それで、コンバインに運搬役までさせ、母ちゃんの手間を省くようにつとめる。

■トラクターでラクラクモミ運び

富山県高岡市の鎌田正健さんは水田一町八反に採卵鶏を八〇〇〇羽飼っていた。働き手は奥さんの洋子さんとお母さんの三人。奥さんと息のあった二人三脚作業がすごかった。秋の収穫作業は平常より余分に働くことになるので、短い時間で処理しようと機械をフル運転する。

鶏にエサをやり、卵を集めて、正健さんがコンバインを動かす。三条の前面刈りだから進入路だけ少し手刈りし、四隅は斜め刈りで、田んぼは周り刈りを主体に機械の空運転の時間はできるだけなくす。

モミがつまった袋は刈り跡のあちこちに転げ落としていく。奥さんは、二五馬力のトラクターの耕うん部をはずし、堆肥や土を入れて運ぶダンプを取り付けて田んぼに乗り入れ、モミ袋を集めて作業場へ運び乾燥機に張り込む。

奥さんがコンバインのモミ受け台に乗って袋の

チャックをしめる役をすると、ダンナは刈取りに専念でき能率が上がると喜んでいる。しかし、ダンナひとりにコンバインを操縦させておくと、袋にモミをいっぱいつめるので、集めて持ち上げるのに重くなり疲れてしまうという。

トラクターのダンプは油圧レバーで上下移動が簡単にできるので、重いモミ袋を母ちゃんがトラックより高く持ち上げないですむ。またトラクターなら田んぼを自由自在に動かすことができるという。

田んぼも周り刈りを行なうので、枕地だけが踏み固まるということもないということだ。

■袋どりコンバインをグレンタンク型に改造

わが家のコンバインは、平成元年に勤めを定年退職したときに買った、二条刈りの袋どりである。これで、一・二ヘクタールの水田を、イナ作を主体にやってきた。運転経過時間のメーターを見ると、まだ二四〇時間しか使っていない。

まだまだ使えるが、モミのつまった袋を軽トラックに積み上げるのは重くてかなわんと、母ちゃんも娘もいう。そこで、袋どり部分を取り外して、そこにモミタンクを取り付けてもらった。

モミタンクにしたから、必然的に、排出したモミを軽トラックで受けて、乾燥機まで運ぶためのモミ運搬用容器もいるようになった。それでもグレンタンク型への改造費、部品代、そしてモミ運搬用容器をあわせても、新品の二条刈りグレンタンク型のコンバインを買うのに比べたら三分の一くらいの費用ですんだ（写真上）。金はかかったが、それ以来、母ちゃんと娘の文句はなくなった。

母ちゃんがコンバインに乗るばあい

■コンバインは危険がいっぱい

コンバインに乗ってみると、自動車とはちがって速度は遅く、キャタピラがあるので割に安定している。左に向きを変えるばあいは左のレバーを引けば回ってくれる。右へ向きを変えるときは右のレバーを引くという簡単な操作で動く。

だが、コンバインでいざイネを刈るとなると、いろいろ留意していないと、チェーンやカッターが動いているので危険がいっぱいだ。とくに勘ちがいするのはバックしながら左右に向きを変えようとするばあいだ。考えとは反対にコンバインが動き、イナ株を踏みつけたり、刈り残したりする。またワラの流れが悪いとつまらせたり、モミの選別が悪くなったり、モミに傷をつけたりする。さらに田んぼがやわらかいと、めり込んで難儀するときもある。

春から丹精こめて育てたイネだから、刈取りと仕上げの最終段階でコメの品質を落としたくないし、一粒もムダにしたくない。機械の操作にちょっとした配慮と工夫を加えたり、エンジンの回転音やワラの流れに十分注意したりして、稔りの秋を楽しく乗り切りたい。

母ちゃんたちがコンバインを運転してイネを刈

るばあいは、刈幅が六五〜七五センチくらいの二条刈りが多い。そこで、二条刈りコンバインを主体に操縦方法を考えてみよう。

■まずは止め方を知っておく

トラクターにしろコンバインにしろ、乗って運転しようという人に、動かし方を知らない人はいないと思う。コンバインに乗ってキーを回し、エンジンをかければ動く。しかしいざ停めようとすると、自動車のようにエンジンキーを切っても停まらない。格納庫の壁や田んぼのアゼにぶっつけて停まったという例がある。またディーゼルエンジンのばあいだと、キーを抜いたのに動いている、クラッチペダルはあるが、ブレーキペダルが見当たらないとオロオロしている人がいる。

停める方法にも、①アクセルレバーをいっぱい戻す、②圧縮を抜いてエンジンを停める、という方法がある。またエンジンを回したままで機械を停めるには、③クラッチレバー二本を一緒に引き、駐車ブレーキをかける、または、④クラッチペダルを踏み押さえるなど、いろいろな方法がある。停め方は、できれば理屈と一緒にぜひ頭に入れ、確実に停める方法を知って乗る。

■農道の走行と田んぼへの進入は低速で慎重に

農道など路上を走行するときは、刈刃に石ころや雑草をはさんだり、土をかんだりしやすい。めんどうがらずに分草板カバーを付けるか、刈刃を路上より一〇センチ余り上げて運転する。

自動車のワダチでへこんだ中高の道路では、エンジンの回転を落とし、低速で運転する。そしてキャタピラは、片方だけでも草が生えているところを選んですすむとよい。振動も少なく、後方から自動車などが近づいても気がつきやすい。

モミ受け台や分草かんなど、機械の幅より出ているものは折りたたむ。急発進、急ブレーキ、急旋回は絶対にしないこと。

圃場整備がされたところは、農道から田んぼへの進入路は十分広く長く、傾斜角度も一五度以下につくられている。しかし一株でも多く植えたいという気持ちから、トラクターやコンバインが出

なれない母ちゃんは、
まちがっても急ブレーキ
急発進、急旋回は
絶対してはいけない
低速で慎重に!!
ワダチがへこんだところでは、片方だけでも草の生えているところを選ぶ
ヨット!!
アラ!!
急旋回
急発進
急ブレーキ

入りできる程度の幅と長さに小さく削って狭くなっているところが多い。そんなところでは、運転に慣れている父ちゃんに田んぼまで運んでもらうことだ。

進入路が急勾配のときは運転席から降りて、前進一速の最低の速度で、サイドクラッチレバー二本を同時に持って、ゆっくり操作しながら田んぼに入れること。母ちゃんは離れて前からキャタピラの動きをよく見て、踏み外さないよう誘導する。登り坂の前進は、勾配が急なばあい運転席がひっくり返る感じがするほど上を向くので、バックで上がると安全だ。

■枕地は父ちゃん、そのあと母ちゃんにバトンタッチ

よく稔ったイナ穂を一本でもムダにしないために、また気軽にコンバインを操縦するために、田んぼの四隅を手

刈りする。また、アゼぎわいっぱいに植えられている株は一条手刈りする。二条刈りのコンバインの大きさは、長さが約三メートル、幅が約一・五メートルある。そのため四隅を三メートル四方手刈りしてあると作業も安心して行なえ、能率よくすすめられる。

　父ちゃんは、はじめアゼぎわの二条を残して左回りに中割りの要領で二速で進む。二周目からはイネの出来にもよるが、三～四速で四周刈る。そのあとアゼぎわの二条を反対の右回りで二速か、低速で慎重に刈る。すると合計で一〇条刈ったことになり、約三メートルの枕地ができる。しかし、慣れない母ちゃんの操縦では旋回するための枕地はまだ足りない。

　枕地が狭く短いと心にゆとりがなくなり、急旋回も思うようにいかず、立っている株を踏みつけ、また前進とバックを繰り返すことになりやすい。そのため七～八回枕地を刈り取って（四～五メートル）から母ちゃんにバトンタッチすれば安心だ。

　田植機も二条植えから一〇条植えまで出回っているが、四条植えと乗用型の五条植えが一般的だ。そのため田植機での往きと戻りで条間隔に広い狭いができやすい。

　田植機できちんと植えられている条間にしたがってコンバインを動かすと、条間の広さや列の曲がりを気にしないで気軽に運転できる。

■めんどうがらずにイネの出来で速度を変える

　アゼぎわはともかく、ふつうは三速か四速で刈る。しかし一枚の田の中でも、切土部で株出来が小さく、イネの丈も短いところがある。盛土部では株が大きく伸びて丈が長い。転作後の田では、溝だった跡がよく育ち、ウネ跡は丈が短い。倒伏しているところもある。広くて長い田んぼになる

と、同じ条でも生育のちがうばあいがある。

刈取りを始めたらどんなばあいでも、脱穀のこき胴回転数は落とさない。選別が悪くなるからだ。めんどうがらずに、速度を変えたり、刈刃の高さを加減したり、ワラの流れる量やチェーンがくわえる厚さが一定になるように気をくばる。

よくできたところは速度を落とし、倒伏したところや短いイネはデバイダーの先端が地面すれすれになるように低く調節する。

初心者は深こぎになりやすい。遅れてできた小さな短い穂は深く入れないとよく脱穀できないと思うのだろう。しかし遅れ穂のモミは、細くて小さいコメが多いから無視しても損はない。ワラをチェーンが斜めにくわえ搬送姿勢が乱れないよう、分草かんやイネの長さによってこぎ深さ調節レバーを操作することが第一だ。

穂先を脱穀部へ深く入れると、葉や茎も穂と一緒に入り、排じんが多くなって詰まりの原因になる。またエンジンに負担がかかり、燃料を浪費したり、ベルトや機械各部にムリがかかったりする。

並木植えの横刈りや斜め刈りは、機械の性能がよくなったとはいえ、二条刈りでは穂先がそろわず、乱れたりこき残しができたりするので最小限にとどめる。

病害虫にかかったイネは節から折れやすく、搬送部のチェーンなどに巻きついたり曲がったりして脱穀しにくいので、速度を落とす。

刈取り作業中いったん停止するばあいは、走行クラッチを踏む（切る）と同時に刈取りクラッチも切る。すると刈り取ったワラの搬送姿勢が乱れずに流れて脱穀されていく。

作業中に方向転換するばあいも、エンジンの回転数を下げてこき胴の回転を落としたり、脱穀のクラッチを切ったりしないようにする。刈取りはしていなくても、脱穀部の内部でモミ処理が続いているからだ。

刈取りで損しないために

■早朝刈りで損する

　最近のコンバインは性能がよくなった。イネの葉や茎が少しくらいぬれていても排じんがつまることがなく、「全天候型コンバイン」といわれている。そのためイネのツユが落ちるのが待ち遠しいとばかり朝早くから動力散布機でイネに風を吹きつけてツユを落としたり、竹や棒、ビニールのヒモでツユを払ったりして、九時ごろから刈り始める人が多い。また、夕方ツユが葉先に上がっても、ライトを照らして遅くまで刈る人がいる。

　葉がぬれていると、モミが葉について選別が悪くなる。また二番口がつまらないように排じん口を開くため、ワラくずと一緒によいモミも排出されて損をする。

　土曜日や日曜日になると〝刈取り反別競争〟が始まる。能率を上げるために速度を速め、詰まりを防ぐためにこき胴の回転を上げる。こうしてよいモミも吹き飛ばして損をしている人がいる。イネが刈り取られて二週間もすると、苗代にタネモミをまいたように田んぼ一面に小さな苗が生えている田んぼがある。たいへんな損である。

ぬれたイネを刈ったり、こき胴の回転を上げて刈ったりすると、脱穀されたモミは皮がむけ、傷がついて品質を悪くする。刈取り作業のしかたや機械の操作調節によって、収量・品質を落とし、たいへんな損をしていることを知ってほしい。

朝の刈取りを遅くして、その間に機械に油をさし、チェーンなどを点検・調整したり、田の四隅やアゼぎわを手刈りしていればよい。機械点検・調整は、たとえば、上下の刈刃の隙間が開いていると切れ味が悪くなるので締め込んでおくとか、チェーンの緩みがあると落ち穂が出やすいので張りを調整するといったことである。

そうしているうちにツユは落ち、モミはサラサラする。機械の調子もよく、安心して機械操作ができ、能率も上がる。

①ワラと一緒に二%のモミが飛ぶ

コンバインによる刈取り作業は午前一一時から午後三時ごろの時間帯がよい。ツユが完全に落ち、葉や茎も乾いて、モミはサラサラしている。そのため機械の処理選別もよく、速度も三～四速が使えるので最も能率が上がる。しかもよいモミの排出ロスが少なく、傷モミ、穂切れ、枝梗付きモミの発生も少ない。午前一一時から午後三時ごろまでに刈ることが、ロスを少なくし品質を落とさないためには理想で、このことを念頭において作業をすすめる心がまえが大切だ。

大型コンバインほどモミの処理能力が高いので、排じん口からの飛散モミ、葉や茎と混じって外に排出されるササリモミは少ない。しかし小型コンバインほど排じん口からワラと混じって排出されるモミが多い。私たちの調査ではロスが二%くらいの例が多かった。

②ぬれているイネの刈取りは二%の損

朝ツユがあったり、夕立で葉や茎がぬれているときの作業では、葉にモミがささり、ワラと一緒に排出される。農試などの調査では多いときには二%もある。

③能率本位でよいモミまで飛ばす

若い人が休日にコンバインを運転し、能率を上げようと速度を速くし、詰まりを防ぐためこき胴の回転を上げる。すると二番口がつまりやすくなる。そこでつまらないようにと排じん口を広くあけてしまい、よいモミまでも排出してしまう。

④深こぎで傷モミ、脱ぷモミ

青い葉が二～三枚ついた丈夫なイネ、とくに止葉が長いイネや、好天が長く続いた年に穂肥、実肥を多く施したことから遅れ穂が多いイネでは、その丈の短い穂が気にかかり深こぎする。すると、こき胴内での滞留時間が長くなり、二番処理へのスロワーの流動性が悪くなる。

こうして傷モミや脱ぷモミが多くなり、品質を悪くしてしまう。葉や茎にはさまれて排出されるモミも多い。脱ぷモミも〇・五％（一〇〇〇粒中に五粒）あるとだいぶ目立つ。

⑤刈る方向によって落穂がふえる

草丈の短いイネを刈るばあいや、アゼぎわや中割り刈りするばあい、あるいは斜め刈りや並木植えを横刈りするばあいに損することが多い。搬送部のチェーンがワラをきれいに並んでくわえていかず、穂が落ちこぼれてしまうからだ。枕地など機械が方向を変えるところも同じ理由でロスが多い。

刈取り作業で一ヘクタール一〇万円の損

損失を試算すると

①コンバイン刈取りでは一般に二～三％のロスがあると見込まれる。

②ツユや雨で葉に水がついているばあい、排じん口から排ワラと一緒に飛散するモミのロスは一～二％とされる。

③能率を上げるために速度を上げ、詰まりを防ぐのに排じん口を広くあけると一～二％飛散す

る。

一〇アール当たり収量を一〇俵（六〇〇キロ）として、①〜③の条件で最大のロスを見込むと七%となる。一〇アール当たりコメ四二キロの損失である。玄米一キロ二三三円（一俵一万四〇〇〇円として）だから、約一万円の損になる。一ヘクタールでは一〇万円にもなる。損失を四%と少なくみても二四キロで約五六〇〇円、一ヘクタールでは五万六〇〇〇円の損失になる。

このほか、品質の低下によって検査等級が格落ちになれば、さらに損失は大きくなる。

慎重な運転で最小限のロスにしたい。

■刈取りロスの確かめ方

①刈取り作業中に田面に排出されたイナワラを手でそっと除いて、モミが何粒くらい落ちているか確かめてほしい。三〇センチ平方に一〇粒あれば、一〇アール当たり約一万粒落ちていることになる。玄米千粒重を二一グラムとして、一〇アール当たり約二・三キロ、五三六円になる。

②排じん口に両手を当てて、よいモミがゴミと一緒に飛び出していないかを確かめる。

③二番口の窓から処理状況を見る。

④袋詰めの口から出るモミの選別状況を見る。

■ロスを減らす機械の操作調節

①イネの出来で速度を変える

めんどうがらずに、イネの出来で速度を変えることが最大のポイントである。アゼぎわでもなければふつうは三速か四速で刈るが、朝の葉や茎に水分が多いときは一速遅くして刈る。

一枚の田んぼでも切土部の株出来は小さく草丈も短い。盛土部や堆肥の多く入ったところは株が大きく、草丈が伸びて長い。また転作跡田では溝跡とウネ跡とでは草丈がちがう。

さらに広くて長い田んぼになると、同じ条でも長いイネ、倒伏しているところ、やわらかいところと生育のちがいがある。

以上のようにイネの出来がちがうところでは、めんどうがらずにコンバインの進む速度を変える。よくできたところは速度を落とすこと。また刈刃の高さを加減し、さらにワラの流れる量やチェーンがイネをくわえる厚さが一定になるように気をくばることである。そして刈り始めたらどんなばあいでも、脱穀のこき胴の回転数を落としてはいけない。選別が悪くなるからだ。

倒伏したところや短いイネは、デバイダーや引き起こしツメの先端が地面にすれすれになるように低く調節する。

②深こぎをしない

遅れて伸びた小さな短い穂は脱穀部へ深く入れないと脱穀できないと思いがちである。しかし遅れ穂のモミは十分に稔っていない細いものが多いから、無視しても損はない。

穂先を脱穀部へ深く入れると、葉や茎も一緒に入ってしまう。こうなるとワラとモミが混じって何回も脱穀部の中を回り、衝撃を受けて籾がらがむけたり傷ついたりする。また排じんが多くなって二番口がつまる原因にもなる。それがエンジンに負担をかけることになり、燃料を浪費したりベルトや機械の各部にムリをかけたりする。

最近のコンバインは馬力がアップされて、少しの負担でも止まらないようになっているだけに、排じんと一緒に出るモミのロスも大きい。

③モミ割れ、立毛胴割れが多いのでこき胴の回転を落とす

籾がらが肥大する減数分裂期が長雨で、そのあとに記録的な日照りが長く続いた年は、籾がらがはじけて中の玄米が見えるモミ割れ現象が多く見られる。また立毛胴割れも多い。モミ割れが多いときや田んぼで刈る前に立毛胴割れが発生したばあいは、こき胴の回転数を約一割落として刈る。

④病虫害にかかったイネは速度を落とす

モンガレ（紋枯）病やいもち病、ウンカの被害にあったイネは、節で折れやすい。こんなイネは搬送部のチェーンなどに巻きついたり、曲がったりして脱穀しにくいので、速度を落として刈る。

また、茎が枯れ上がって力のないイネや、朝

方の水分の多いイネを刈るときは、排じん口を少し広げてワラの排出を多くしてつまらせないようにする（もちろん広げすぎはいけない）。

⑤停止、方向転換のときの運転操作

刈取り作業中にいったん停止するばあいは、歩行クラッチを切ると同時に刈取りクラッチも切る。すると刈り取ったワラの搬送姿勢が乱れずに流れて脱穀されていく。

作業中に方向を変えるばあいも、エンジンの回転を下げたり、こき胴の回転を落としたり、脱穀のクラッチを切ったりはしない。刈取りはしていなくても、脱穀部の内部でモミの処理が続いているからだ。

⑥田植えの条間にしたがって運転

田植機では往きと戻りで、その境い目の条間隔に広い狭いができやすい。田植機で植えられている条間にしたがってコンバインをすすめていけば、条間の広さや列の曲がりを気にしないで運転操作ができる。

■遅れ穂があっても無視せよ

青い生きた葉がついているイネ、止葉の長いイネ、遅れ穂の多いイネは、穂の位置が低く見え、脱穀部へ深く入れないとモミがよく脱穀できないと思いがちである。しかし、イネが一センチ深く入ったことで、こき胴内のわらの量はかなりふえる。そのため、モミの選別が終わるまでの時間が長くかかり、モミは長時間たたかれることになる。それで、傷モミや脱ぷモミがふえるし、エンジンへの負担も大きくなる。

遅れ穂のモミは十分には稔っていないものが多いから、無視してかまわない。深こぎは禁物だ。

刈取り作業—こんなときどうする

最近のコンバインは性能が向上してきたため、ノシをかけたようにベッタリと倒伏しないかぎりスイスイ収穫できるようになってきた。しかし、ひと昔前の中古コンバインを使うばあいはそうはいかない。

倒れ方によって刈り方を変える

倒れ方が一定方向のばあいは、倒れた方向に追い刈りする。倒伏が激しいのに向い刈りすると、デバイダーによる株の引き起こしとコンバインの速度が合わない。刈られたイネも穂先がそろわず、脱穀部へスムーズに送られなくなる。こうなったら一方向だけの追い刈りをしないといけない。イネが倒れて間もなくの稈《かん》が強いときは向い刈りもできるが、株の下側が茶褐色に変わって、稈が弱ってからでは必ず追い刈りにする。

一方刈りは、アゼに沿ってグルグルと周り刈りするばあいに比べて倍以上の時間がかかると思われるが、バックの始めと終わりのときだけゆっくり走らせ、中間はスピードを上げると割合に能率が上がる。三〜四回バックをして一方刈りすれば、刈った面積が広くなるので、思うほど時間はかからなくなる。

倒れたイネを刈るときは、引き起こしツメの先端を地面すれすれに調節し、速度を落とし、脱穀部の回転を標準より少し上げ、排じん口を広げておくとよい。

渦巻き倒伏は左倒伏に株をそろえる

二条刈りのばあいは、二条ごとに先のとがった棒、たとえば測量のポールなどでイナ株を引き起こして左倒伏の状態に倒しかえる。倒れたイネは根が弱いので根ごと抜けて、こき胴に入り、詰まりの原因になったりする。こんなことがないよう

倒れたイネは倒れ方によって
刈り方を変えないといけません。
無理に刈ったりすると脱穀
部に詰まってしまい、思わぬ
トラブルの原因になります

（機種によってちがう場合もある）

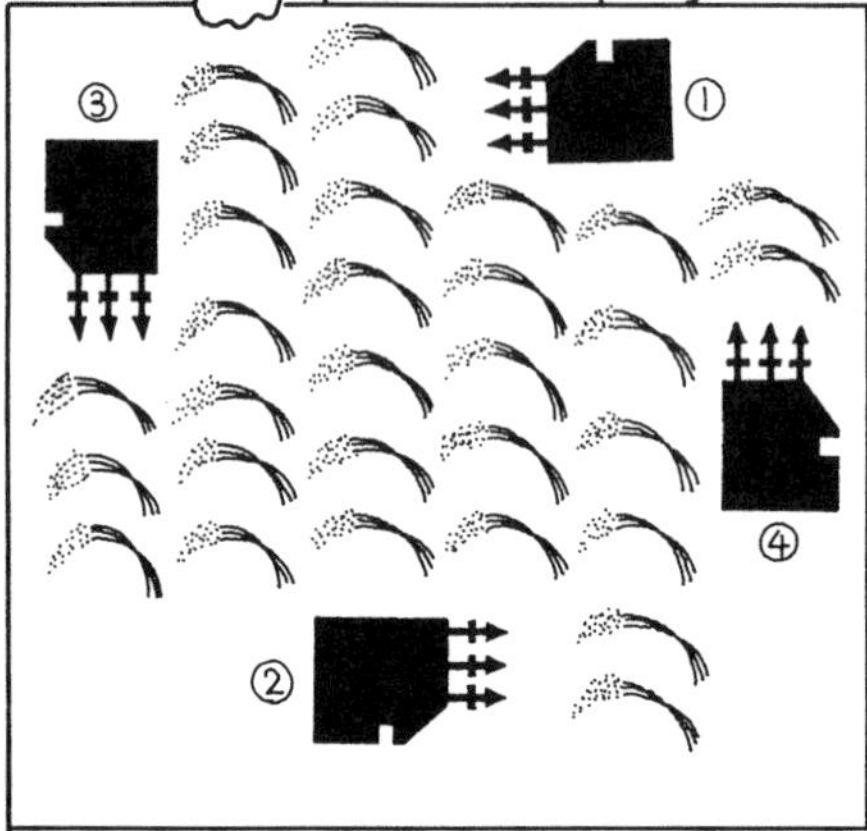
①
②
③
④

刈る方向＼倒れぐあい	完全倒伏の場合	中倒伏の場合
①追い刈	×	○
②向い刈	×	×
③右倒伏刈	×	×
④左倒伏刈	△	○

○：注意しながら刈取り　△：注意しながらゆっくりと　×：刈取りできない

に、運転席からコンバインのツメの先が見えるように左側に倒伏させてやるわけだ。

イナ株を引き起こす役目は母ちゃんがやることが多い。コンバインの前をずっと中腰で引き起こすのでは腰が痛くなる。こんなときは朝のうちに父ちゃんも引き起こしを手伝ってやりたい。葉のツユを落とすことにもなって詰まりが少なくなるし、事前に田んぼのぬかりぐあいもわかって何かと都合がよい。

こんな田は機械の故障も多い。運転中に変な音がしたら、すぐにエンジンを止めて点検する。

■ぬかる田での目のつけどころ

秋の収穫時にはよく雨が降る。田の区画が大きいほど土が固まるまで日数がかかる。だから刈取りシーズン前にL字型かコの字型に排水溝を掘っておきたい。

一枚の田でも排水路側は土が固まっているが、水口に近い道路沿いはやわらかいことが多い。また段差のある田では、上の田に接し

収穫

一番困る渦巻き倒伏
ふつうは こうして母ちゃんが
イナ株を引き起こしてゆく
いてて
渦巻き倒伏の場合は、
イナ株を左倒伏の状態に
してゆきます。でも中腰で
やるので腰が痛くなります。
こんなときはイネ刈り前の
朝のうちに父ちゃんと
いっしょにやってしまった
ほうがラクです
どうしようもない倒伏は
手刈りするしかない。
でも左手の小指には
ご用心。切る人は
けっこう多いんですよ

ている側がやわらかい。こういう場所はぬかって収穫がしづらいので後回しにして、あとで一方刈りで刈る。また土地改良前の小川の跡や清水の湧き出たところも同様にする。

コンバインが入れるかどうかの一応の目安として、二条刈りのクローラの幅が三三センチのばあい、長靴をはいて四～五センチ沈むくらいならスリップはしても刈れる。しかし一〇センチでは危ない。スキ床層が決まっていないような田では要注意だ。

■ぬかるみに埋まらないために

三条刈りの袋どりコンバインを使っていたHさんが、グレンタンクつきの二条刈りコンバインに買い換えた。農道に待機している軽トラックにモミを排出しようとして、水口付近のやわらかいところで埋まってしまった。

袋どりのときは、モミのつまった袋をいくつか途中で降ろして身軽になって農道に近づいていたが、グレンタンクは、モミ袋六～七個分をタンクの中にたくわえているので、モ

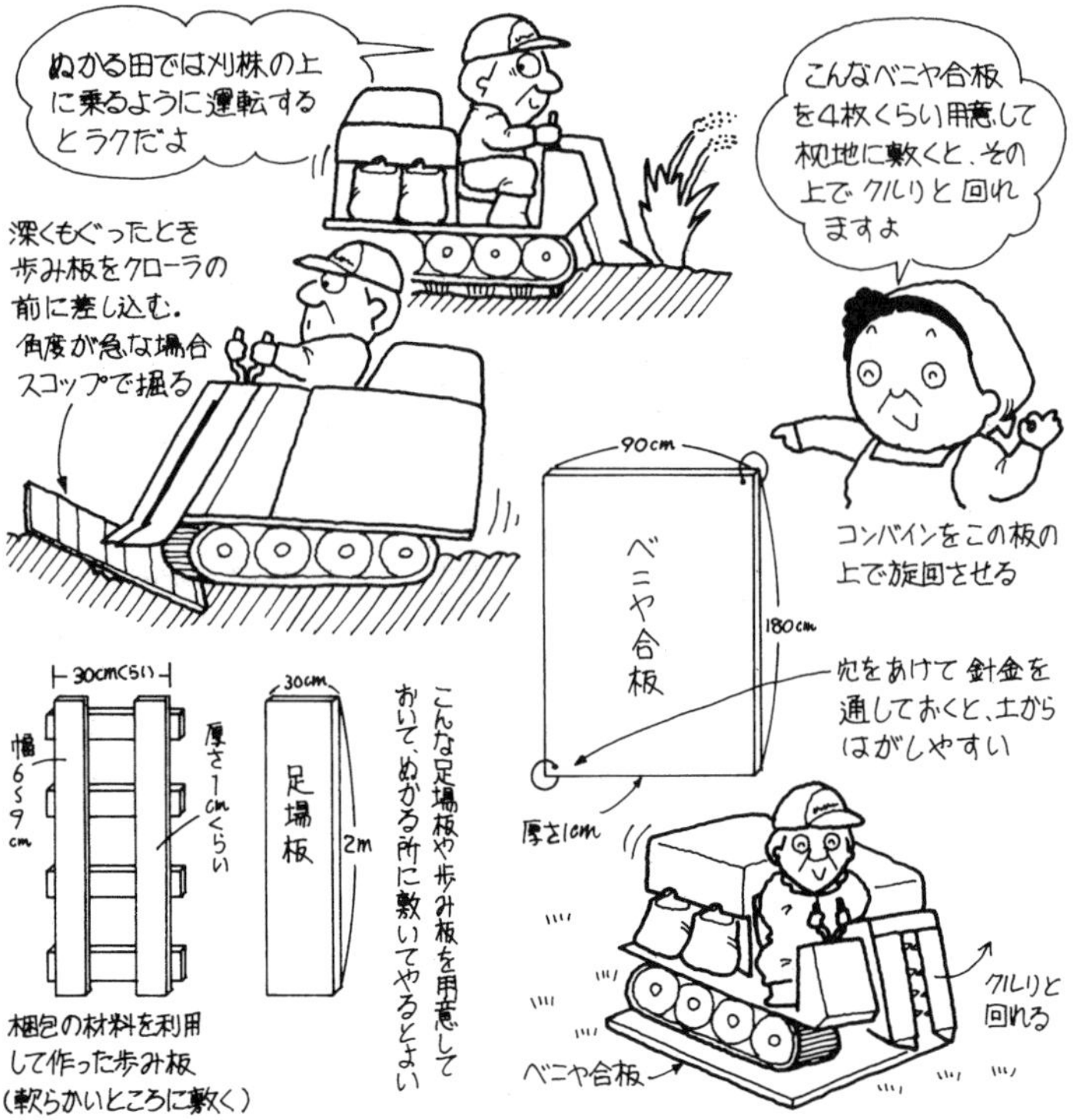

ミだけで約二〇〇キロの重さがふえたことになる。機械全体が重くなっているだけに、袋とりコンバインのときより埋まりやすい。
　盛土部や水口周辺のやわらかいところは、グレンタンクにモミが少ない状態で刈るようにする。

■ぬかるみからの脱出法

　コンバインは前輪駆動だから前進（直行）には強いが、旋回には弱い。やわらかい田んぼでは枕地を広くとったり、ゆっくり刈ることを心がける。速いと刈刃が泥をかみ、イネを刈らずに押し倒して踏んでいってしまうからだ。

　ぬかっている田では、クローラを切株の上に乗るように運転したり、切ワラを敷くとよい。また枕地に当たるところにベニヤの合板を敷くと、コンバインの向きをその上でクルりと変えやすい。

　刈取り作業中、やわらかいところがあったときは、その部分を手刈りして、工事現場で

収穫

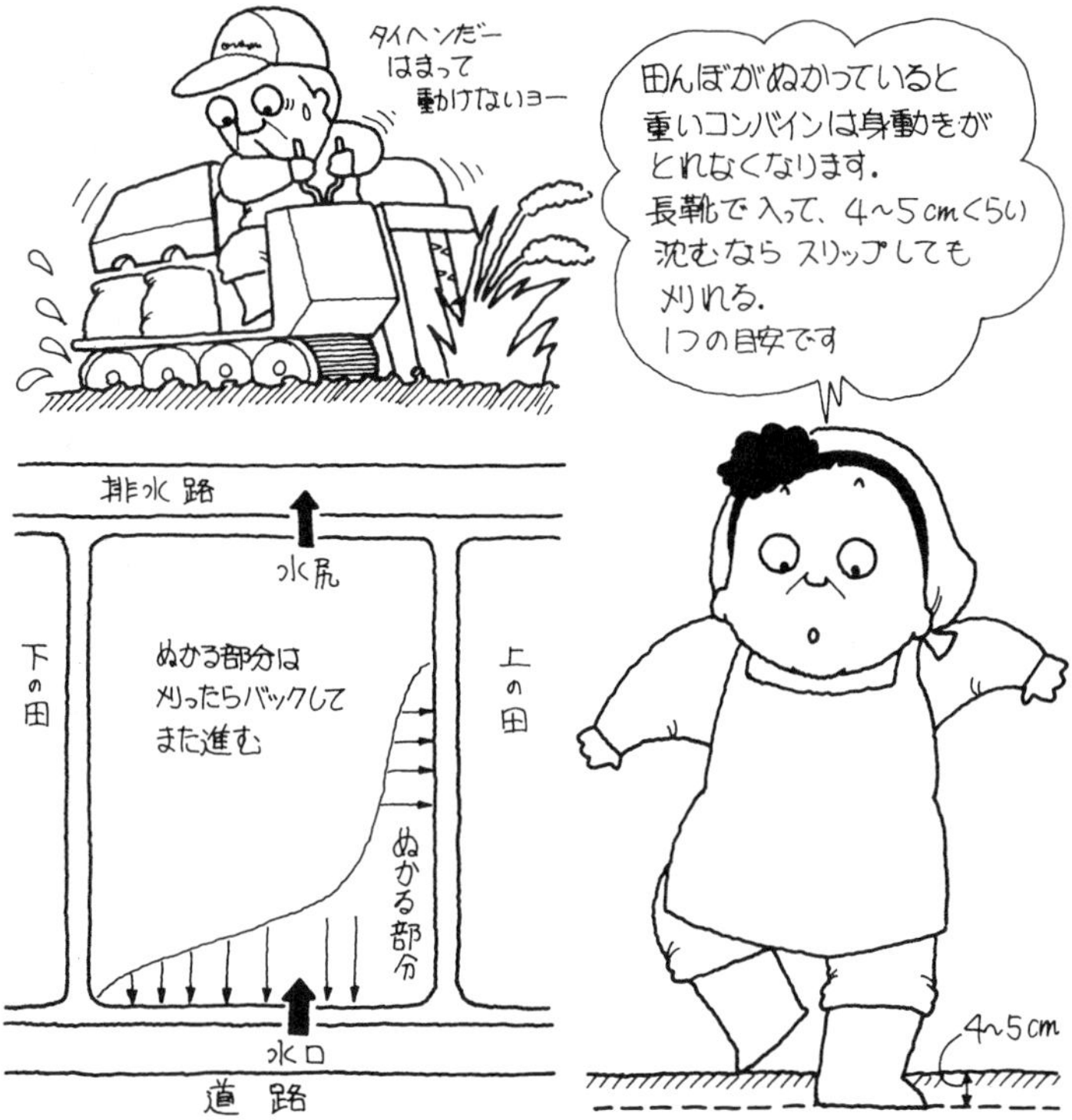

タイヘンだー
はまって
動けないヨー
田んぼがぬかっていると
重いコンバインは身動きが
とれなくなります.
長靴で入って、4〜5cmくらい
沈むならスリップしても
刈れる.
1つの目安です
排水路
水尻
下の田
上の田
ぬかる部分は
刈ったらバックして
また進む
ぬかる部分
水口
道路
4〜5cm

使われる足場板を敷くとよい。また機械の梱包などに使われている板やヌキ板を利用して歩《あゆ》み板をつくっておくと便利だ。

　コンバインがぬかるみにはまったときに、あわててクラッチを切って旋回すると、かえって土を掘ってしまい身動きがとれなくなる。また前進、バックを繰り返して深くはまってしまう危険も多い。こんなときはあわてず、刈取り部の動きを止め、すなおにコンバインに動きをまかせて、まだ刈っていない株を踏んででも前進させて脱出する。踏んだイナ株はあとで手刈りする。

　めり込んだときは、クローラの前に丈夫な板をさし込んで徐々に脱出する。

　近年多くの農家が使用するグレンタンク型二〜三条刈りコンバインでは、クローラの幅が三三センチ以上のものが多く、クローラに付いている突起も三センチとなっている。田面がやわらかくて少しめり込んでも刈りすすめるし、脱出もしやすくなった。

過乾燥米をださない

嫌われる過乾燥米

過乾燥米は、胴割れ米になりやすく、精米のとき砕米になり歩留りが悪くなる。コメに粘りがなく味が悪いので最も嫌われる。

一般的には最高限度の水分値より二％以上低いコメが過乾燥米とされている。自然乾燥したころは水分が多いと貯蔵性が劣るから、持ち帰って再乾燥しろと命令され、はずかしい思いをした農家が多い。これが頭からはなれない。

モミを乾かしすぎると、水分が減るにしたがって玄米の重さも減る。乾燥のための経費がふえるし、品質が悪くなる。コメの味の点からみても悪くなり、とくに一三％を切るとコメはまずい。

過乾燥でいくらコストがかさむか？

水分含量で収入にどれくらい差がつくか調べてみる。仕上がり玄米の水分一五％を標準とし、玄米一キロの値段を二三三円（六〇キロ一万四〇〇〇円）として計算する。

水分一四％のとき、一％水分含量が減ると、同じ重さにするにはコメが七〇〇グラムよけいにいる。金額にして一俵当たり一六三円の損になる。

水分一三・五％のとき、一・〇四キロ目減りするので二四三円の損。一〇〇俵出荷したばあい、二万四〇〇〇円（一・七俵分）の収入減になる。コシヒカリのばあい、良質銘柄米だけにこれより二割余り損失額が多くなる。

それだけではない、乾燥経費がかかる。灯油一リットル七〇円として、玄米一俵当たり一二円よけいに使ったことになり、一〇〇俵では一二〇〇円の経費増となる。このほか電気使用料がいる。

■乾燥機を信用しすぎるな

近ごろの乾燥機は、希望の水分にダイヤルをセットしておけば自動的に止まる。途中止まったばあいの原因も、ボタンを押せば言葉で話しかけてくれるものまである。そのため、人がまったくついていなくてもモミ乾燥が仕上がると信じている農家さえある。

モミの乾燥は、その日の気温、湿度、張り込んだモミの量、含まれていた水分など、原料によってたいへんなちがいがある。

コメの乾燥は、温かい空気をモミに当て、モミに含まれている水分を蒸発させ

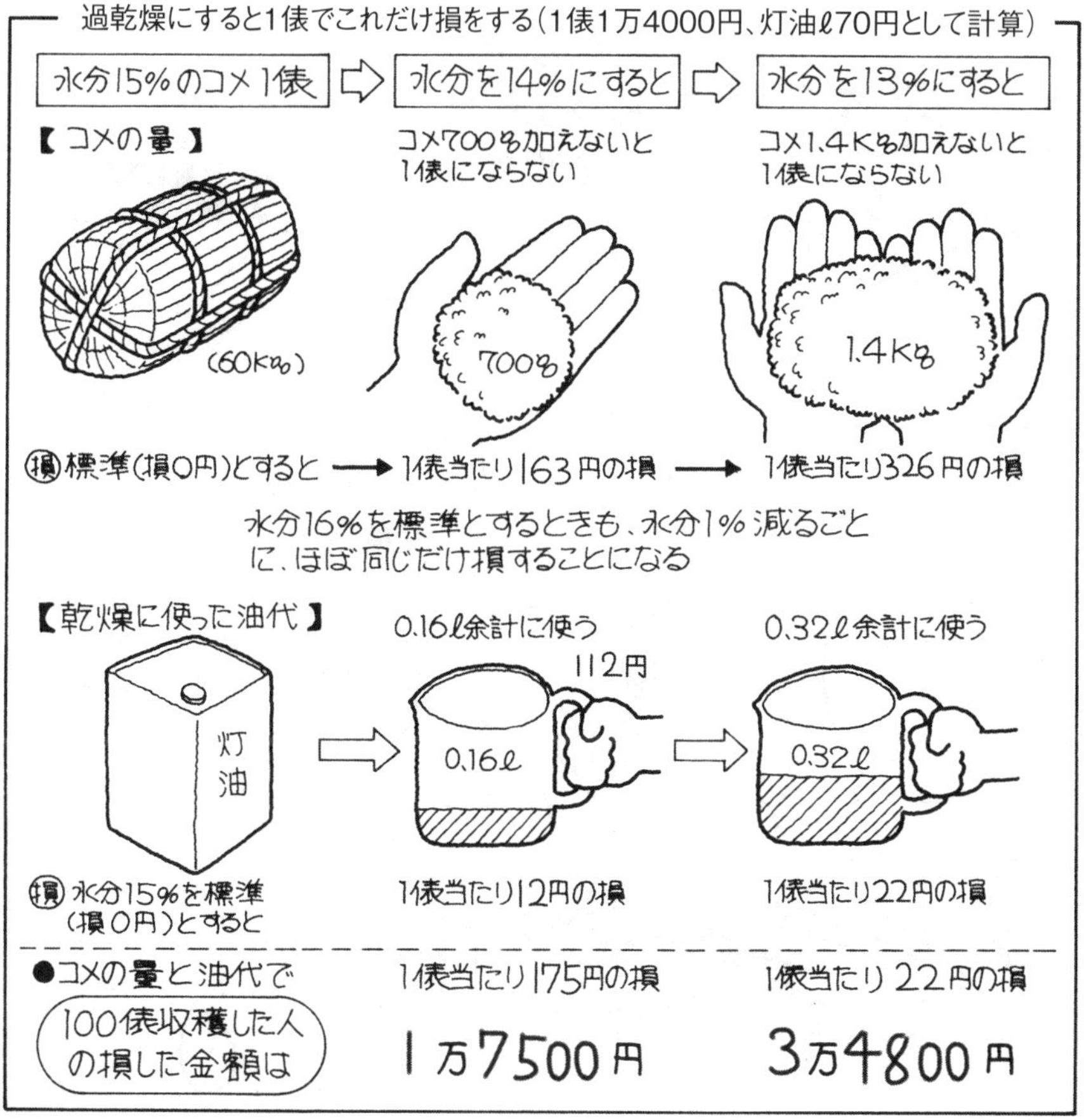

過乾燥にすると1俵でこれだけ損をする（1俵1万4000円、灯油ℓ70円として計算）
水分15％のコメ1俵
水分を14％にすると
水分を13％にすると
【コメの量】
コメ700g加えないと1俵にならない
コメ1.4Kg加えないと1俵にならない
(60Kg)
700g
1.4Kg
損 標準（損0円）とすると
1俵当たり163円の損
1俵当たり326円の損
水分16％を標準とするときも、水分1％減るごとに、ほぼ同じだけ損することになる
【乾燥に使った油代】
0.16ℓ余計に使う
0.32ℓ余計に使う
112円
灯油
0.16ℓ
0.32ℓ
損 水分15％を標準（損0円）とすると
1俵当たり12円の損
1俵当たり22円の損
●コメの量と油代で
100俵収穫した人の損した金額は
1俵当たり175円の損
1俵当たり22円の損
1万7500円
3万4800円

る。そして蒸発した水分を空気で乾燥機の外へ出す仕組みで、温かい空気を送り続けるとコメは乾き、ついには玄米水分がなくなってしまう。

■過乾燥や胴割れ米をださない工夫

①温度が高く、湿度が低い乾いた風を多く送るほど早く乾燥するが、一方では胴割れ米も多く発生しやすい。

②一般に早生の品種は胴割れしやすいものが多い。

③刈り遅れたモミ、立毛中に胴割れの多いモミ、モミ割れの多いモミ、刈取りのときに傷を多く受けたモミは、玄米の胴割れが多い。

④早生種の刈取り期は暑い日が多いが、空気中の湿度も高いのでモミの乾きが遅い。九月下旬から十月に入ると、気温は低いが湿度も低いので乾燥時間が短く、早く仕上がる。

こんな場合に胴割米がでやすい
温度が高く 湿度が低い 乾いた風を送ると 早く乾くが……!!
刈取りの時傷を多く うけたモミ
早生の品種
モミ割れの多いモミ
乾燥機のタンクに モミが少ない場合!!
倒伏したイネ
刈りおくれたモミ

乾燥・調製

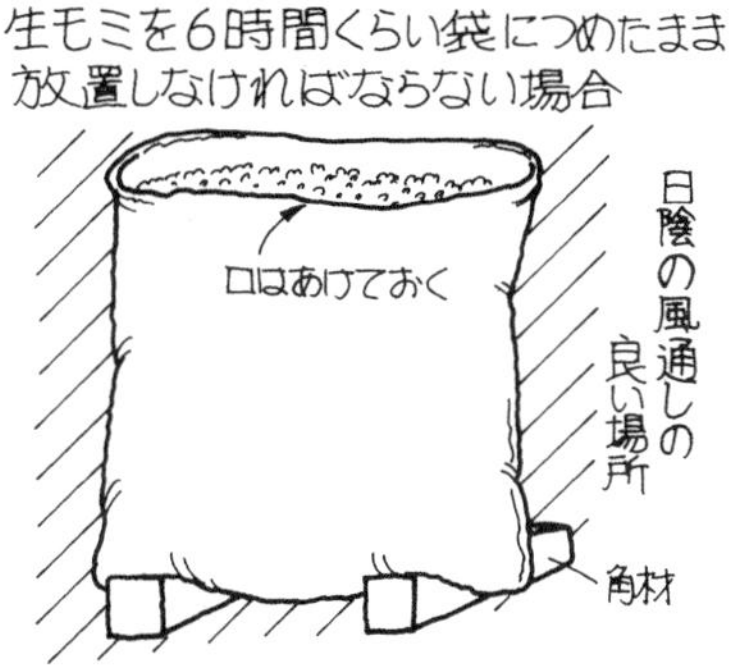
生モミを6時間くらい袋につめたまま
放置しなければならない場合
口はあけておく
日陰の風通しの良い場所
角材

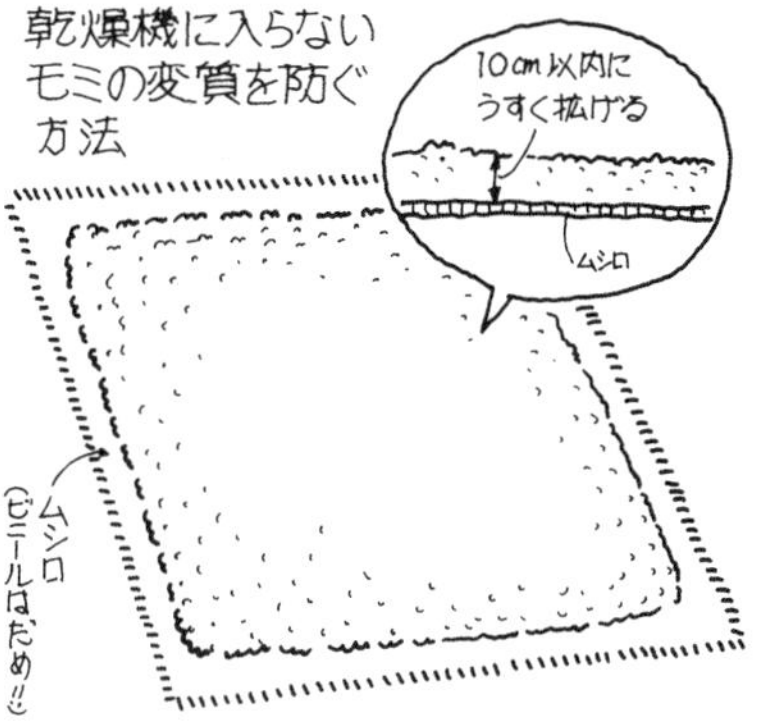
乾燥機に入らない
モミの変質を防ぐ
方法
10cm以内に
うすく拡げる
ムシロ
ムシロ
(ビニールはだめ!!)

⑤倒伏したイネや、乾燥機のタンクにモミが少ないばあいは胴割れ米が発生しやすい。

⑥モミの水分が二〇%以上もあるときは、農家が持っている水分測定器の示す値は正確でないと思ったほうがよい。

そこで水分が一七~一八%以下になったら乾燥機の時間タイマーをセットする。目標の水分に合わせ、近づくにつれて何回も慎重に測定する。

⑦倒伏して泥に汚れたイネは刈取りから調製まで別扱いにして、早めに処理する。台風やフェーンで褐変モミが多く目立つときも、刈取りから調製までを別扱いとして、全体の産米に少しでも変色米が混じらないように配慮する。

⑧袋につまった水分の多い生モミを暑い日射しの中で長い間放置すると、胴割れ米だけでなく、ヤケ米の心配がある。モミ水分が二五%、モミ温が二五度では、五時間くらいで変質してくる。そのためコンバイン収穫の生モミは四時間以内に乾燥機に入れて送風しなければならない。

⑨生モミを六時間くらい袋につめたまま放置しなければならないときは、作業場など日陰の風通しのよい場所に袋の口を開いて立てておく。袋の底に角材を敷いて浮かせて置くと安全だ。気温と穀温によって放置できる時間に限界があるので何時間までとはいえない。

乾燥機に入らないモミの変質を防ぐ最も安全な方法は、ムシロ干しである。このばあいモミの厚さは一〇センチ以内に薄く広げる。ビニールのシートでは水分が下へ抜けないので、ワラムシロかビニールで織ったムシロを使うと通気性や吸湿性があってよい。

損しない乾燥・調製のポイント

■乾燥のはじめは送風だけ

私のばあい、モミ乾燥のはじめ七～八時間は風だけ送り、モミ水分が一八％くらいまでに下がってから灯油を燃やすことにしている。

モーターを回して風だけ長い間送っていては電気代が高くついて損ではないかと母ちゃんが心配するので、費用を計算してみた。

低圧電力二キロワットの契約で基本料金は一一一三円。これを別にすると、一キロワットの使用料は九月は夏季料金なので一一円四八銭になり、水分を一八％に下げるのに一〇時間運転しても約二二五円しかかからない。

灯油を燃やして二五～二六％の水分モミを一七～一八％まで乾かすのに必要な灯油は、乾燥機の大きさにもよるが約一五リットル。一リットル七〇円とすれば一〇五〇円もかかり、このほかに電気料も加算される。

タダの乾いた空気を利用するほうが得なことがはっきりする。そして玄米の仕上がり、品質もよくなる。

■乾燥機をムリなくフル回転するコツ

天気のよい休日続きなどにどんどん刈りたいというので、乾燥機を上手に利用している人もいる。

①モミを完全に乾かさず、変質するおそれの少ない一七％以下にしたら、いったん一時貯留タンクに移し保管し、後日仕上げ乾燥をする。

②乾燥機に張り込んだ初期の約三時間は灯油を燃やし、規定より二～三度高めの温風を送り、モミを温めて水分の移行を早める。その後、規定の温度に落としたり、風だけを送り込んだりして乾燥時間を短くする。乾きやすく、ムリがきく初期に水分をたくさんとり、ムリがきかなくなった終

わりごろゆっくり乾燥を行なう。

現在の乾燥機はだいたい一時間に一％の水分を減らす機構になっている。モミが乾燥機の容量の六〇％以下と少ないばあいやフェーンのときは早く乾く。雨の日や、青未熟粒の混じりが多いものは乾きが遅い。また、胴割れ米の発生は水分が二〇％を割る段階から急激に多くなる。

充実したモミにあわせて

夏に低温があると一部に花粉の形成が悪くなり、一穂の中にも不稔モミ、発育停止モミができる。高冷山間地では障害型の未熟粒が多い。こんなモミを乾燥するばあいは、高温タイプの乾燥機では一〇℃、低温タイプの乾燥機では規定より五℃低い温風を送風し、充実したモミにあわせて乾燥しないと、胴割れ米が大発生する。

未熟粒は水分が多いので、水分測定は充実したモミを選んで測定する。

水分過多・過乾燥もこの手で調製

近所のTさんのコメが、形質がよく一等米の品位だが水分が一六％だから規格外になると言われた。家に持ち帰った二〇俵のコメをビニールシートでおおい、その中へ電気除湿器を入れ二日間運転して出荷したところ、水分一五・五％で一等米になった。

こんな例もある。何回か水分を測ってみると一四％から一四・五％の乾きすぎ。そこで暖かい雨の降る日、送風機の前にタライを置き水を入れ、湿度の多い空気を一日中送り込んで測ってみると一五％になったなど工夫している人がいる。

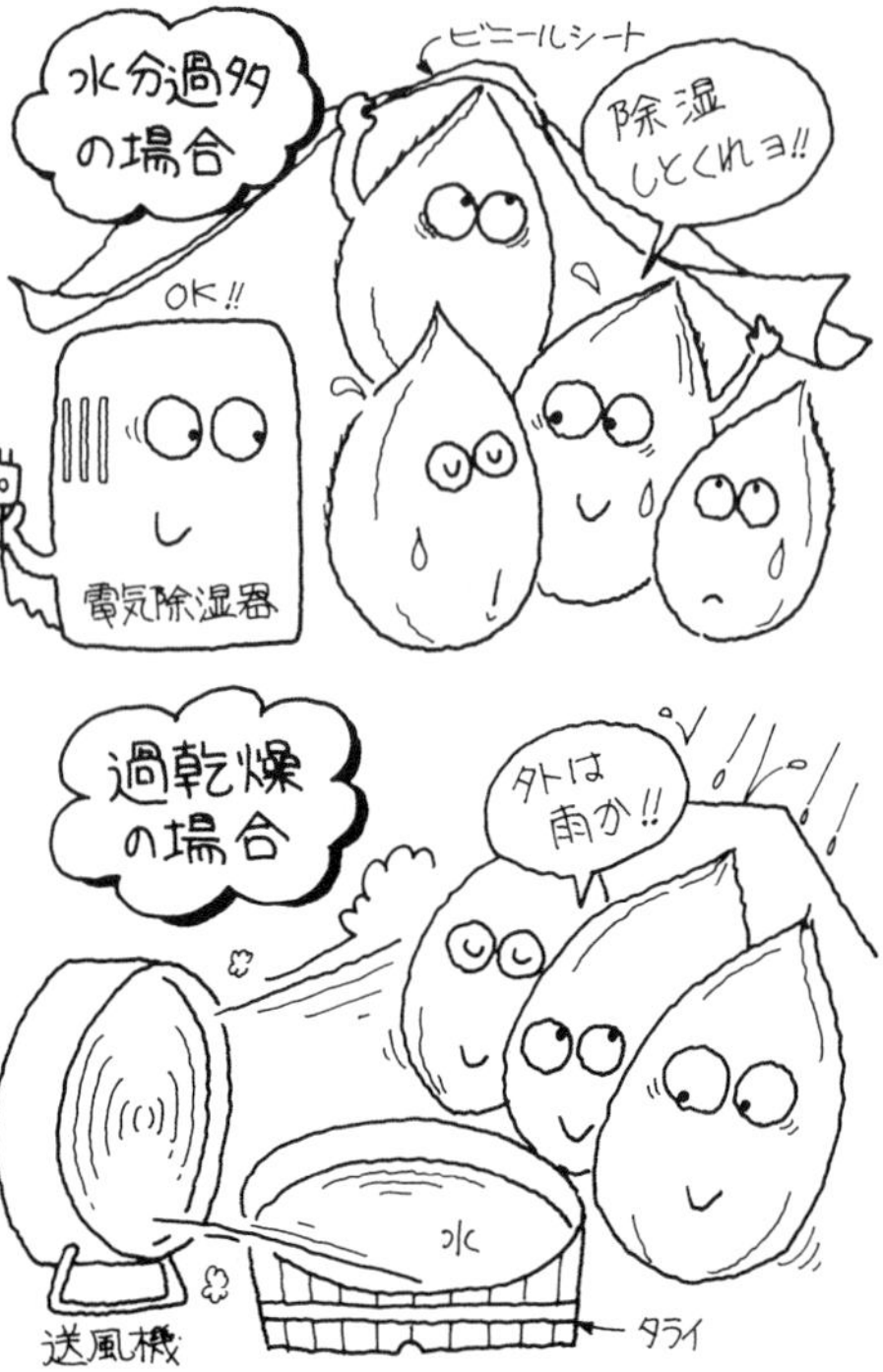

■モミすりは乾燥四～五日後に

前日から乾燥していたモミを午前一〇時に仕上げ、まだモミの温かい夕方にモミすりすると、能率が上がるようだが肌ずれ米が多くなり、玄米を袋詰めした数日後に重量が減ったりする。乾燥後四～五日して、常温になってからモミすりするとよい。

乾燥直後の温かいモミを土間などに広げ、急に冷やすと胴割れ米の発生が多くなるので、これは避ける。

■選別機の能力にあわせたモミすり

わが家のモミすり機は三インチなので、本来は一時間に三〇袋ほど摺《す》る能力がある。モミすり・選別・計量（袋詰め）を一連の作業として行なっているが、選別機に流れる量を少なめにしている。

クズ米や病害虫による被害粒を完全になくし、コメの等級落ちを防ぐためには、選別機とモミすり能力の七割程度の処理量とする。一時間の処理能力三〇袋の私の選別機だと、一時間に二〇袋くらいのペースだ。母ちゃんと娘とで、ゆったりとやっている。能力ギリギリで働かせようとすると、どうしても精度は落ちる。

■モミ貯留中に水分が変わる

モミが目標の水分になったので乾燥機を止め、二～三日たってモミすりして出荷し検査をする

乾燥・調製

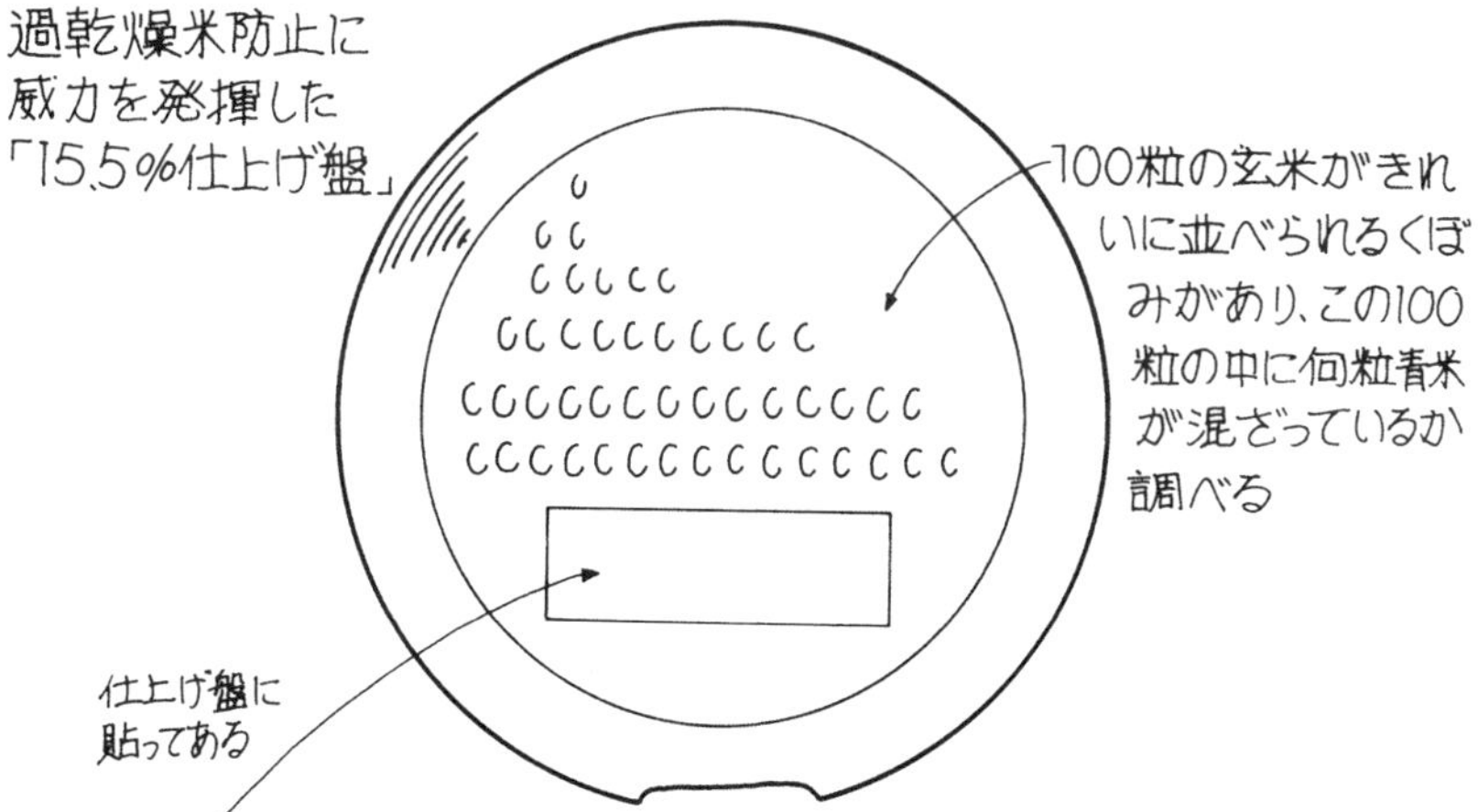
過乾燥米防止に
威力を発揮した
「15.5%仕上げ盤」
100粒の玄米がきれいに並べられるくぼみがあり、この100粒の中に何粒青米が混ざっているか調べる
仕上げ盤に
貼ってある

「停止水分判定表」
青米の混入割合から乾燥機の停止水分を決める

100粒中の青米混入数	乾燥機の停止水分値（玄米水分）	乾燥機、停止後の水分変化
0～5粒	15.0～15.5%	乾く
6～10粒	14.5～15.0%	ほとんど変わらない
11粒以上	14.0～14.5%	もどる

▼貯留中のモミ全体の水分変化
——精モミ（精玄米）の水分がふえる

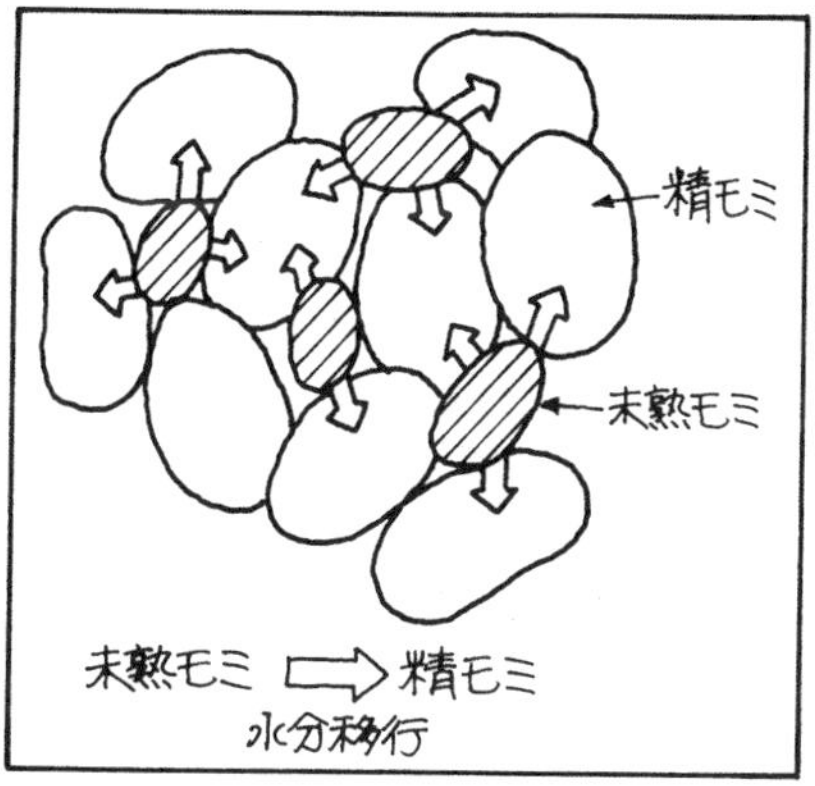
精モミ
未熟モミ
未熟モミ ⇨ 精モミ
水分移行

▼貯留中のモミ一粒の水分変化
——玄米の水分は乾く

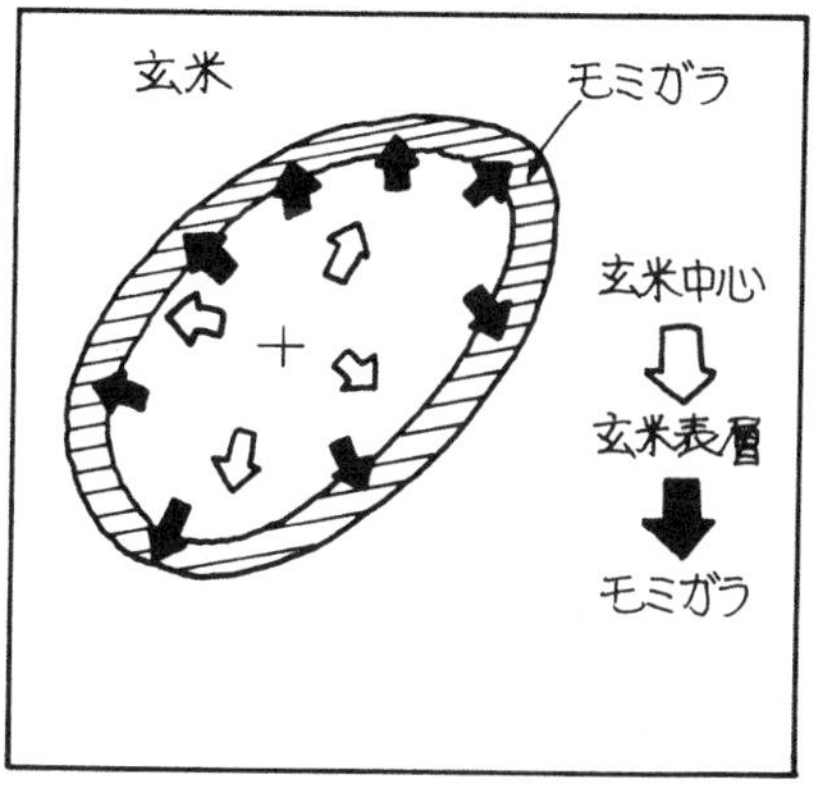
玄米
モミがら
玄米中心
玄米表層
モミがら

と、玄米水分が多くなっていたり、逆に水分が減り過乾燥米になっていたりすることがある。とくに水分が多いばあいは、持ち帰って乾燥のし直しをしなくてはいけなくなる。二度手間になるし、何ともバツが悪い。

自分では確かにキッチリと調製したつもりなのだが……。どうにも腑に落ちない。自分の水分計と検査員のものと値がちがうのではないかと考えたりもする。

富山県農試で昭和五三年から五八年までの六年間にわたって行なわれた「モミ乾燥試験」で、乾燥が終わった段階で水分が適正であっても検査のときに水分が高くなったり低くなったりする仕組み、つまり玄米の中に青未熟（青米）が混じっている割合によって乾燥後の水分が変化すること、青米の割合によって水分が何％になったら乾燥機を止めたらよいかという目安がわかった。

モミの乾燥が終わったとき、モミ一粒を籾がらとその中の玄米とに分けて水分を見るとちがいがある。籾がらは水分が九％でかなり乾いているが、中の玄米は一五～一六％。この水分差のため、一粒のモミでは、貯留中に玄米水分が、乾いている籾がらに一二～二四時間で移っていく（これを〝籾から乾燥〟とか、〝余熱乾燥〟とかいう）。つまり、モミ一粒で考えると、玄米水分は乾燥直後より乾くことになる。

乾燥直後の精モミの玄米水分を一五％に仕上げれば、混じっている青未熟モミの青米水分は一八～二〇％とかなり高くなる。この青未熟モミの水分が、貯留中に空気を通して、水分の少ない精モミへと移っていく（〝水分の戻り現象〟という）。つまり貯留中のモミ全体で考えると、精玄米の水分はふえることになる。

だから青未熟モミの量が少ないと〝籾から乾燥〟が大きくて、一時貯留後の玄米水分は、乾燥直後の水分より減って乾いてしまう。逆に、青未熟モミの量が多いと、籾から乾燥よりも青未熟モミからの水分の移行が大きくて、玄米水分はふえることになる。

こうして、乾燥が終わった直後に測った水分と検査のときの水分がちがってきてしまうわけだ。

害をださないすき込み方

■ワラを燃やしたくなる気持ち

コンバインで刈り取られたあとの田んぼには切ワラが一面にまかれ、その量はかなりのものになる。早生と晩生とでは程度にちがいがあるが、だいたい収穫したモミと同じ重さのワラが出ると考えてよい。

天気のよい日が続くとワラを燃やす人がいるが、煙公害と迷惑がられたりもする。これではモミと同様に田んぼの力でできたせっかくの産物を無にしてしまうことになる。それだけ地力をムダにしているわけだ。

地力の低下を防ぐために、ワラは耕土に還元してやりたい。ワラ還元の効果は、地力の維持だけでなく、透水性や水持ちもよくなり、耕しやすくなったりという物理性の面での改善も期待できる。

しかし、生ワラは堆肥とちがって土の中で分解する。ガスが発生するため、ガス抜きを覚悟しなくてはならない。さらに生ワラの分解にともなう一時的なチッソ不足で初期生育の遅れも心配になる。

また、処理が適切でないと代かきがやりにくく、ワラを埋め込もうとしてもうまくいかない。

逆に代かきによってワラがかきだされたりする。なかなか土中に埋め込めず、結局は代のかきすぎになりがちだ。ワラが田面にあると植付け精度が落ち、欠株の原因にもなる。

こうしてみると、ワラを燃やしたくなるのももっともだという気がするが、害のない処理のしかたはないものだろうか。

■理想的な秋すき込み

地域によって田植えや収穫の時期がちがうし、乾田もあれば湿田もある。生ワラのすき込みには田んぼの条件に応じた判断が必要で、一概にいえないことが多いが、共通に考えなくてはならないのは、分解のさせ方だろう。

生ワラをすき込んでも、イネに生育停滞や障害が極端に起こらないようにすることが大切だ。それには、ワラがイネの生育期間中にじっくりと分解、腐熟していくようにしなければならない。

生ワラをじっくりと分解させるためには、秋すき込みが理想的。イネを収穫したら、ワラが乾燥しないうちにすき込んでしまう。早生と中生をつくっているばあいには、中生の収穫前に早生の生ワラをすき込む。微生物が活動し、生ワラが分解するには水分と温度が必要だから、土にささる程度に浅くすき込む。深くすき込んでしまうと酸素不足で腐りが悪い。秋早くすき込んでおけば、春までには分解がすすみ、色も黒くなる。収穫時期の早い地域ならかなり腐る。

そして、春になり土が乾いたところで深くすき込む。生ワラをじっくりと分解させるために、できるだけ深く広い層に拡散する。湛水管理なら急には分解してこない。表層に生ワラを集積させておくと分解し始めたときに問題がでてくる。

また、ワラの切る長さで腐りかたがちがってくる。短かく切るとよく腐る。最近のコンバインに付いているカッターは、切ったワラが早くよく腐るようにこれまでの一五センチから七センチと短かくしたものが標準になっている。

このような方法をとれば、石灰チッソなど施す必要はない。

生ワラの処理

春すき込みも秋の段取りがポイント

春にすき込むばあいには、秋のうちに生ワラを田面に薄く広げ、まんべんなく土に接着するようにしておき、やはり深くすき込む。ワラが重なったまま放置すると、上になったものは腐らないし、春になっても田んぼがなかなか乾かず、耕起時期が遅れる。代かき時の浮ワラの原因にもなる。

分解の促進とチッソ飢餓を防ぐため、秋のうちに石灰チッソなどが施される。石灰チッソは、一〇アール当たり一〇～二〇キロ（チッソ成分二・一～四・二キロ）が一般的。しかし、その効果がどれだけあるのかは、一概にいえないのが実情で、かえってチッソを持ち越す心配がある。なお、もし石灰チッソを秋に施したときは、元肥チッソは増施しないこと。

積雪地帯の春先のすき込みは、タイミングが大切だ。雪が消え田んぼが現われるときから、ワラは乾きながら再び分解が進行する。

ここで乾ききって風で飛ばされるようになるまで放置したのではワラの分解は停止してしまう。温度が上がっても水分が不足したのでは、ワラは分解してくれない。また、乾ききったワラをすき込んだのでは、土の中で水分を吸い込むのに時間がかかり、分解は遅れてしまう。

春先までにすませたいアゼの整備

春先までの大切な作業にアゼの整備がある。これはイネつくりの器を手直しすることで、田んぼに水をためるための最も基本となる作業だから、絶対手抜きはできない。アゼから水もれがするようでは田守りをする母ちゃんはたいへん。

田んぼに水をためると水が温度を保ち地温、水温が高まる。そのためイネの活着、初期生育がよくなり、肥料の分解もすすみ、一方で長持ちさせる。さらに低温のときは深水にすると冷害対策にもなる。裏を返すと、田んぼの水持ちが悪いと、植えられたイネの生育が遅れたり、不ぞろいになったりする。さらに除草剤もうまく効かず、暑い盛りに草とりをしなくてはならない。肥料も早く効かなくなる。

体を慣らすつもりで冬作業

雪が降らない地帯では年が明けるとアゼぬりを始める。冬の間は精神的にも余裕があるので体を慣らす気持ちでムリな働き方をしないで、一日に一本ずつ仕上げる。草を削り、やわらかい新しい土をつけてスコップなどでよくたたいたり、足で踏み固める。

大型の圃場に区画整備されてアゼを毎年ぬり替えないところでも、施工後、年がたつにしたがってモグラやネズミが入り込み穴だらけになっていたりする。またアゼが低く落ち込んだ個所ができ、水がアゼを越えてあふれたりする。アゼも広く大きくなるとネズミやモグラもすみ心地がよいのか永住している。

アゼをきれいにするちょっとした工夫

井波町の樋爪和子さんは、田んぼを見回るときいつも小石をポケットに数個入れておく。そしてアゼにネズミの穴を見つけると小石で穴を埋め、

アゼの整備

ネズミの穴は
小石をつめて
何度も踏み
つけるのよ
除草剤を
まいても残って
いる雑草は
徹底的に
抜くのじゃ!!
ブチッ
20cm位の厚さ
に敷いたモミガラを
もやして、雑草の
熱処理!!

足で何度も踏みつけてきた。そのかいあって最近ではネズミの被害が極端に減り、田の水持ちもよくなったという。

福岡町の地崎光啓さんのアゼには雑草が一本も生えていないくらい年中きれいだ。春先、雑草が生えてくる前に除草剤をまき、芽が出るのを抑え、二か月くらいしてまた伸びてきた草をもう一度除草剤で枯らす。それでも残っている草を、ばあちゃんが徹底的に抜いている。これを四～五年続けたので、今ではどのアゼもきれいになり、アゼぎわのイネの生育がよく、病害虫の被害も少なくなり、田んぼ全体の生育がそろっている。アゼがきれいで、明るいためかネズミもモグラもすみつかなくなったという。

鳥倉の中島明さんは、田と接している農道のふちや広いアゼに籾がらを二〇センチくらいの厚みで敷き、火をつける。籾がらが焼けると同時に、雑草のタネも根も焼いたときの熱で死んでしまう。このため翌年からの雑草の生え方は極端に減り、母ちゃんの苦労するアゼ草刈りを軽くしてやっている。このばあい、籾がらを薄くしたのでは効果は落ちるという。

砺波の浄土正信さんは、アゼで籾がらを焼き、跡地にイチゴの苗を植え、家族はもちろん付近の子供た

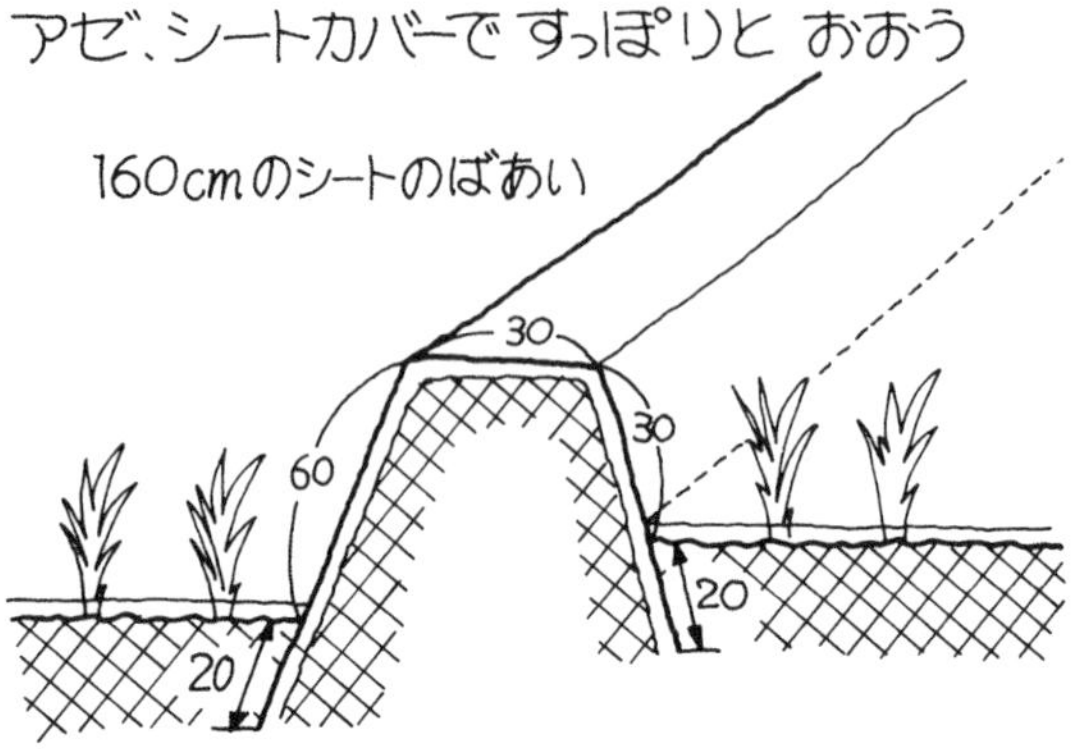
アゼ、シートカバーですっぽりと おおう
160cmのシートのばあい
30
30
60
20
20

ちにも喜ばれている。灰はカリ分の補給にもなってイチゴの甘味が強くなる。

■暑いときの草とりよりアゼ整備

東保の菅野米雄さんは、毎年田んぼ一枚ずつアゼの内側三分の一ほど削り取り、ビニールの肥料袋を張り当てている。そしてそこに新しい土をぬり、水もれを防いでいる。

母ちゃんは「ウチだけなんでこんなめんどうくさいことをするのか」とグチるが、「暑いときに田んぼで草とりすることを思えば」と説明して続けている。水持ちがよくなれば除草剤がよく効き、暑いときの草とりがラクになるという論法である。

ネズミやモグラの穴がなくなり、イネの初期生育は近所に比べてはっきり差がつくくらいよい。

ビニールの肥料袋は四〇センチ×六〇センチのものが多く、これをヨコに開くと一・二メートルの長さに伸びる。袋と袋のつなぎ目を二〇センチ重ね合わせると一〇〇メートルのアゼに一〇〇枚の袋がいる。菅野さんは元肥などに一〇アール当たり化学肥料六袋と珪カル一〇袋を使うので、毎年二五〇枚くらいの空袋が出るという。

七年前にアゼに埋めた肥料袋が土に埋め込んであるためか、今も十分効果を発揮しているという。

■ビニールシートでアゼをすっぽりおおう

私は、水田の転作にオオムギをつくり、その跡地にダイズをつくるという水田転換畑をするようになってからモグラやネズミがふえ、再び水田にしたとき、アゼからの水もれがはげしくたいへん難儀した。

そのため、アゼをすっぽりビニールでおおうこ

アゼの整備

とにした。

やわらかい樹脂製のアゼカバーシートで、最近売り出されたものである。費用はシートが〇・五ミリの厚さのもので、一平方メートルが四八〇円。

そのシートでアゼをおおうのに、作土の表面より両端を二〇センチプラスすると、全体で一六〇センチになり、長さ一〇〇メートルとすれば、シートの材料代が七万八〇〇〇円となる。

約五〇〇メートルアゼをシートでおおったところ、水もれが完全に止まり田守りがラクになり、雑草も生えなくなり、アゼぎわがすっきりとしてイネの生育もよく、草刈りをしなくてもよいので母ちゃんは大助かり。

シートの表面がザラザラしているのでゴム長グツで歩いても滑らない。

シートの厚みは、〇・五ミリ、一ミリ、一・五ミリの三種類があり、耐用年数は約三〇年といわれている。

私どものところでは農協がシートを扱っている。

シートさえ買えば、自分でも農閑期に簡単に施工できるし、共同で機械を借り、アゼぎわを掘り上げ、アゼを整え、補修してシートでおおい、埋め戻すだけでできる。

ただし、施工した初年度は、アゼぎわを掘り下げたので、トラクターや田植機が近づくと車輪が傾くので注意する。

■田守りもラクなコンクリート畦畔

山崎賢次さんは近くのコンクリート製品工場から、三〇センチ×六〇センチ、厚さ三センチのコンクリート板の二級品を格安の値段で買っている。そしていちばんよく通るアゼにコンクリート板を敷き、草刈りを省略し、一輪車での運搬がラクになるよう工夫して母ちゃんの働きを軽くするようにしている。

鞍馬寺の奥田嘉六さんの田んぼは比較的平坦地なのでコンクリート畦畔を使っている。ふつう、コンクリート畦畔は設置して安定させるため下幅が二四センチと広く、上の幅が一二センチの製品だ。それを奥田さんは反対に埋め込んで使ってい

アゼの整備

▼アゼにビニールの袋を開いて埋める

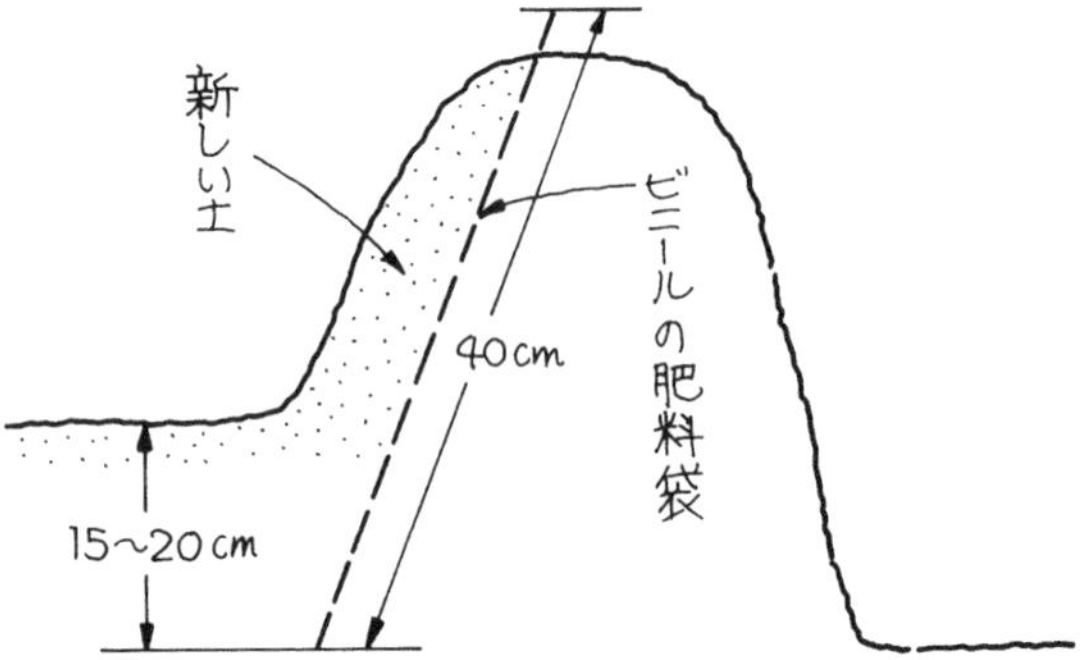
新しい土
ビニールの肥料袋
40cm
15〜20cm

▼コンクリート畦畔を逆さにすると大変歩きやすい

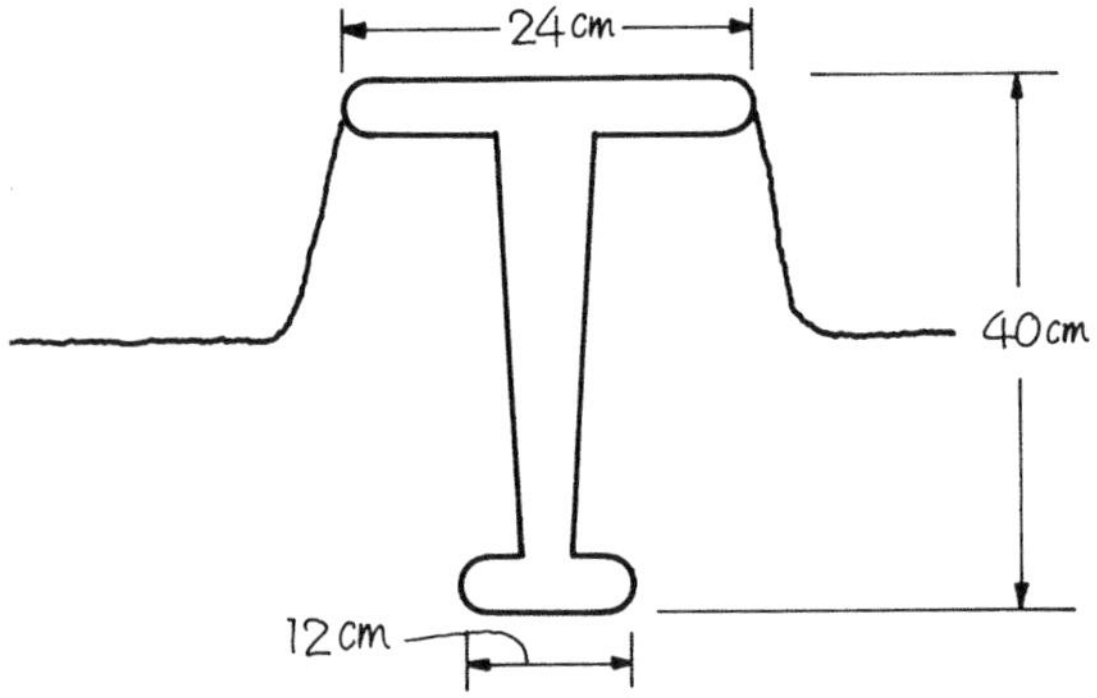
24cm
40cm
12cm

▼安くて本格的な完全コンクリートのアゼ

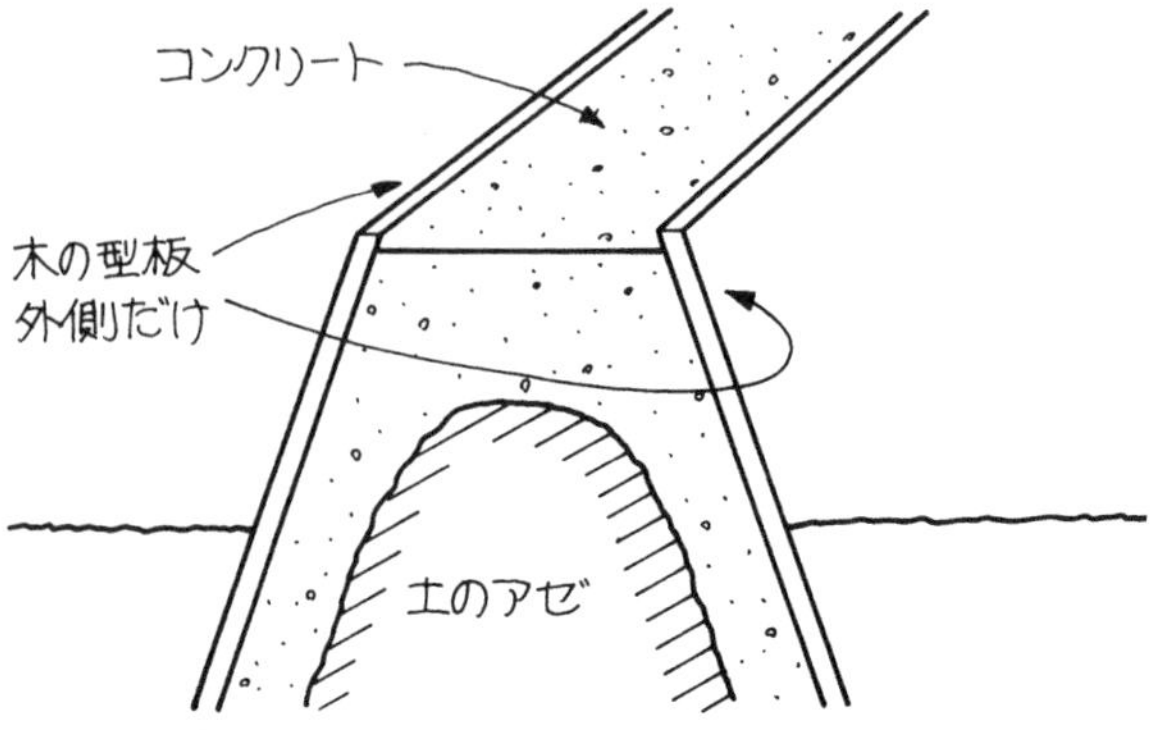
コンクリート
木の型板
外側だけ
土のアゼ

る。そのため、アゼから農薬や肥料を散布するばあいでも二四センチあると危なげなく一輪車が押せる。また製品の裏側は仕上げが雑なので、泥のついた足で歩いても滑らなくてよい。

宮森の示野徹二さんは、これまでのアゼの形を全体に半分以下の小さい姿に削り、その両側に木の型枠を当てコンクリートを流し込んでいる。つまり土のアゼをお餅のアンコのようにコンクリートで包み込んだ形にしている。上の幅が二五センチに仕上がるように、イネ刈りの終わった十月から四月中旬までの農閑期に何枚かの型板などの材料を大事に使い、順々と送り、一人で安くて本格的なアゼをつくっている。

これまで一メートルの幅はあったアゼが二五センチに減ったことから、イネを二～三条多く植えられ、水持ちがよく深水管理もできる。アゼを削って余った土は、田んぼの低いところに運んで高低を直したので一挙両得。四～五年で完全にモトがとれそうだし、何よりも母ちゃんの田守りがラクになり草刈りをしなくてすむというのがよい。

■用水路の水もれは早めに修理

コンクリートのU字溝でつくられた用水路でも、田んぼの面より高いところを通してあると数年にして田んぼに水もれし始めるばあいが多い。大型トラクターやコンバインが用水路にぶつかって継ぎ目にヒビが入り、水もれすることもある。また雪国ではブルドーザーで道路の雪を押し出すときに、あの重い機械が用水路の上を通り、ヒビが入って水もれの原因になったりする。

あきらかにヒビ割れがわかるばあいは、粘土にセメントを混ぜて団子に練り割れ目にぬりつけるか、モルタルでふさいで防ぐ。

また、田んぼの取水口付近が年中ジュクジュクして部分的にやわらかくて困るばあいもある。原因としてはコンクリート用水路の裏底を伝って水が流れているばあいが考えられる。こんなときは取水口を一度掘り上げ、コンクリートでキチッと周囲を固めると、水もれはだいたい防ぐことができる。裏側を伝って流れる水は下流へと流れ、取水口がキチッとしていないところでしみ出るものと思われる。

近年、水田用の水門として、ステンレス、亜鉛鋼板製、樹脂、コンクリート製で、価格も二〇〇〇～一万円と各種のものが出回ってきた。しかし、このようなものを使わなくても安くできる方法がある。コンクリートの用水口に、一センチ幅の溝を二段がまえでつける。そしてベニヤ板など木の板に買物のビニール袋をかぶせて二段がまえの溝に二か所止めをすると、水は完全に止まる。

大量の有機物を使いこなす法
―イネの条抜き栽培

有機物残渣は宝の山

■残渣を使ってくださいVS イネが倒れた

ここ数年、私のところへの問い合わせがふえているのが、地域のジュース工場やら食品工場からでてくる残渣や、キノコ農家や養鶏農家などからの廃ホダや卵の殻を農業に利用できないかという相談である。

「高島さん、工場から搾りかすがようけでるんやが、使うてもらえんじゃろうか？」

どうやら、高島は、毎年何かしらおかしなことを試している、といった噂が立っているらしい。聞けば、食品工場のほうでも「食品リサイクル法」が施行されてからというもの、残渣を捨てるのもお金がかかってたいへんだし、工場内に積んでおくのもよろしくないという事情があってのことのようだ。

一方、集落営農をやっているところのオペレーターや、請負耕作で大面積を耕作している人からは、「残渣を使うてくれんかいうて頼まれたんで、断りきれんと引き受けたらイネが寝てしもうて、弱っとるんや。高島さん、なんやエエ方法はないやろか」という相談がけっこうある。残渣などをだす企業も、大規模にやっている農家に相談を持ちかけることが多い

ようだ。

有機物を多量に施すとなると、イネつくりを変えないといけない。イネをよく知っている人なら、肥料や植え方や品種などをどうしたらいいか考えるものだが、近ごろは、大規模にイネをつくっていて、機械操作はとても上手でも、肝心のイネのことに詳しいかというと案外そうでもない。

食品残渣や家畜ふん堆肥などの有機物を利用しようとする流れは、これからもますます強くなっていくにちがいない。一つ一つのイナ作作業の大切さは変わらないが、有機物を活用するとなると、作業のやり方に加えて、どんなイナ作をやるかを考えないといけない時代になったようだ。

■地域には宝の資材がころがっている

おいしくて安全な食べ物をつくることが私たちの役割だと思い、このところ化学肥料や化学農薬など、化学成分のものをできるだけ使わないようにしている。そのかわり、有機物をたくさん施してコメや野菜をつくるようにしてい

シイタケの廃菌床
ネギの株元にマルチ利用

る。

近くにシイタケを育てて販売している会社がある。使い終わった培地の処分に困っているのでなんとかならないだろうかと相談を受けた。私はそれをもらって、田んぼや野菜畑に使っているが、これがじつにいい。

シイタケは、山の間伐材を粉砕し、それを固めたもの（培地）にシイタケ菌を埋め込んで、温度と湿度を調整して促成栽培している。シイタケを取り終わった培地が廃材（廃菌床）としてでるのだが、施すと、野菜では目立ってよく育つのがわかる。

また、近くに養鶏農家の孵化場があり、ひよこが生まれたあとの卵の殻がたくさんある。そこで、これをもらって春の田起こし前に施している。カルシウム分が多いので、イネが丈夫に育つと期待している。

数年前からは、コーヒー豆かすも使い始めた。地元で稼働し始めたコーラの工場から、大量にでるようになったからだ。これももらって、イネを刈り終わったあとに散布している。

地域によっては家畜ふんもたくさんでる。それらも利用しない手はない。

いろんな有機物を毎年田んぼに施しているので、これまでと同じようにイネをつくったのでは失敗する。私は、イネのつくり方を変えた。それが、元肥チッソ大胆削減と、条抜きによる疎植栽培である。

条抜き栽培と肥料減らし

■変えるのは二つ！肥料減らしと疎植

田んぼに大量に有機物を施すと、化学肥料中心だったときのイネの育ち方とは大きくちがう。それを知らないと大失敗する。

有機物は分解する。その分解は、気温や水温が上がるにしたがって盛んにすすむ。だから、分解するときに土の中の酸素が使われて、土の中は酸素不足になる。

イネも人間と同じで、土の中が酸素不足になれば、根から十分

な栄養をとることができない。おまけに、有機物に含まれている栄養もゆっくりとでてくるので、有機物を施した田んぼのイネの初期生育はよくない。そして、肥料が効き始める生育中期から急激に分けつし、大柄のイネに育ち、繁りすぎて倒伏する。

有機物に含まれている栄養も肥料の一部である。それを活かす方法を工夫しないと失敗する。

そこで私は、二つのことを変えた。

ひとつは、肥料を減らした。元肥のチッソ分を減らし、リン酸とカリ分を多く施す。

もうひとつは、植付けの株数を減らす。

私の地方では、一般に坪当たり六〇〜七〇株植えで苗を準備する。だいたい、一〇アール当たり育苗箱二二〜二三枚である。私は有機物を多量に施すようになってから、坪四〇株植え以下の疎植にした。おかげで、必要な育苗箱数も一〇枚以下になっている。

田植機が坪四〇株植えには対応していない！ というばあいに

は、条抜き栽培がおすすめである。

条抜き栽培のすすめ

〈五条田植機の「中抜き」〉

最近の田植機は、栽植密度の調整が以前より幅広くできるようになってきた。それを活かしたい。

田植機の植付け間隔を坪当たり五〇株にセットし、苗のせ台の真ん中の条には苗をのせずに田植えする。これで、四条おきに六〇センチの間隔があいた四条植えになる。これを「五条の中抜き」という。昔風に言えば「四条並木植え」である。なお、隣の条を植えるときに、マーカーを伸ばして一条分飛ばせば、二条ごとに一条抜いた「二条並木植え」となる。

〈六条田植機の「二・五抜き」〉

三年前に、集落営農組合が六条植えの田植機を買った。私も、この六条田植機を利用するようになった。組合から借りて利用するので、勝手に調整するのもはばかられる。だいたい坪六〇株植えにセットされているので、そのまま条抜きして疎植にする。六条田植機の条抜き栽培は、苗のせ台の両端から二条目に苗をのせないで植える。これで、二条おきに六〇センチの間隔があいた四条植えになる。これを「六条の二・五抜き」という。昔風に言えば「二条並木植え」である。

条抜きにしたことで太陽光線がイネの株元まで届き、風の通りもよいので、病気も害虫も少ない。たくさん分けつし、イネは丈夫に育っている。

肥料は、元肥のチッソ量をこれまでの五分の一に減らし、リン酸とカリはこれまでより多く施している。元肥チッソを減らした分、穂肥と実肥に硫安や尿素を積極的に施し、分けつした茎が太く育ち、穂が長く、たくさんついたモミが十分に稔るよう、刈取りまで青く生きた葉がある活力のあるイネつくりをめざしている。このところ、米の粒が大きく、食味計の値でもよい数値がでている。

＊

一六九ページから、富山県の紫藤善市さんの「五条田植機の中抜き」栽培と、私の「六条田植機の二・五抜き」栽培のイネの育ちを写真で紹介したのでご覧いただきたい。

自前で有機物をつくる

ワラの堆肥や家畜の糞堆肥が施せない田んぼに、イネを刈り取った後にレンゲやヘアリーベッチのタネを播き、それを育てて来春にすき込むことで有機物を補給する。これで地力をふやすことができる。

レンゲの花で田んぼがピンクに

レンゲを播く

富山県では古くから、イネの刈取り前、九月上旬に田んぼにレンゲを播いて、翌春五月になると田んぼ一面に可憐なピンクの花が咲き乱れていた。そして大きく育ったレンゲをすき込んで、肥料源としていた。

現在すすめているのは、イネ刈り後に、レンゲのタネを一〇アール当たり三～四キロ播く。田んぼは水排けをよくしておく。排水がよくないと、せっかく発芽したレンゲも湿害で育たない。田面に水が滞ったり、積雪期間が長いと、腐る株が出て生育が極端に悪くなったり、年によって生育量が大きくちがってくるのが難点だ。

注意することは、次の三つである。

イネ刈り後すぐに播種する　気温の高いうちにタネを播くのがポイントで、発芽もその後の生育もよくなる。イネ刈り後、できるだけ早く播く。

すき込み時期で効きがちがう　花が咲き始めたときにすき込むとその後の分解が早く、チッソ肥料としての役割を果たしてくれる。レンゲに含まれているチッソの

ヘアリーベッチ（生長した姿）

量は、おおよそ〇・四％（対新鮮重）。すき込んだ量が一トンであれば、チッソは約四キロである。そのうちの九割程度がイネを栽培している期間中に分解して、イネにチッソを供給してくれる勘定となる。花が咲き終わるころになると、すき込んでも分解が遅くなるが、茎や葉のセンイ質が多いので、地力を高める効果がある。

景観とハチと仲良く両立

すき込み時期を遅らせて花を咲かせると、田んぼ一面がピンクの可憐な花におおわれる。そのときの景観は素晴らしく、みんなが楽しめる。また、養蜂家が蜜源として利用できるのもメリットだ。

■ヘアリーベッチを播く

レンゲと同じように、イネを刈り取ったらできるだけ早く播く。まず、排水をよくするために、田んぼの周囲に溝を掘り（明渠）、その後でヘアリーベッチのタネを一〇アール当たり三〜四キロ播く。播いた後、覆土と鎮圧をすると発芽がそろってよく生えてくる。

ただ、冬の積雪期間が長いと、湿害などで生育が悪くなる。しかし春になると急に生育が盛んになり、田んぼ一面緑の絨毯を敷いたように広がる。おかげでほかの雑草は生育が抑えられてしまう。

ヘアリーベッチを播種した次の年のイネつくりはあきらめる。イネつくりのための耕うんの時期がちょうどヘアリーベッチの生育が盛んな時期にあたり、その状態ですき込むのはもったいない。富山県では、ヘアリーベッチを播いた田んぼは、しっかりと生長させてからすき込み、その年は六月に入ってからダイズを栽培している。

写真で見る その4 5条田機械の中抜き田植え ――4条並木植え

富山県の紫藤善市さんは、５条田植機のまん中の１条を抜いて、さらにマーカーを伸ばした坪37.5株植え。毎年600kgどりだ

出穂期ころ。抜いた条間がやっとわからなくなった

田植え約１か月後

6条田植機の6つの苗のせ台のうち、両端から2番目の台には苗をのせずに植える

田植え後約30日目。
条間はスカスカ

田植え後約45日目。
イネはガッチリと育ってきた

写真で見る その5　6条田植機の二・五抜き田植え

出穂10日前。イネは茎太く開張し、やっと条間がふさがった

稔り。穂が長く、粒数多く、モミが大きい

その1 庭先のポットに一本植え

田植えした日、私は自宅の庭先の日当たりのいい場所に田んぼの土を詰めたポットを置き、田んぼと同じ苗を一本だけ植えている。これがなかなか楽しめる。ポットは、直径三〇センチ×深さ三〇センチのものを使っているが、バケツでもかまわない。

身近に置いてあるので、田んぼに行けない日でも、葉にマジックで葉齢を書いておけば、田んぼのコシヒカリが何枚目の葉を伸ばしているか、分けつを始めたか、何本になったか、幼穂ができつつあるか、庭先のポットのイネを見ているだけで、田んぼのイネの育ちが予想できる。それを見たうえで田んぼに確認に出かける。

小型のドラム缶に田んぼの土を入れて植えたこともあって、イネは日当たり抜群だし、風通しもよく、毎年大きく育ち五〇本近く分けつする。

ドラム缶で深水管理もできたので観察していると、小さな弱い茎がなくなり、太い茎が揃う。茎の株元をノギス（一〇三ページ参照）で測ると一センチ以上の太さのものが多かった。穂が稔ってからもう一度観察してみた。茎の太さが一センチ以上あるものは、モミが一〇〇粒以上つき、多いものは一三〇粒もつき、モミも大きかった。巻きたばこの太さ（六ミリ）くらいの茎の穂は、七〇粒前後だった。茎の太さは穂の大きさや稔りにも関係していることがわかって、出穂する前から楽しみが膨らむ。

庭先のポットに一本植え、おすすめである。

庭先に置いたポットに植えた生育調査用のイネ

その2
苗のコピーも楽しめる

毎年イネを育てていても、案外、去年の同じ時期に自分のイネがどんな育ちをしていたかを覚えてはいないものだ。そんな曖昧な記憶をカバーしてくれるのが、苗のコピー（複写）である。

私は、田んぼの片隅に、一本植えで一〇株植えておき、最初は植えて二〇日目、その後は一〇日おきに株を一～二株抜き取り、根についた泥を洗い落として、葉が乾いてしまわないうちに複写機でコピーしている（左図）。茎や葉ができるだけ重ならないように広げてコピーするのがコツだ。そのコピーを見れば、あとあと今年のイネはいつごろ何葉が伸び、どんな

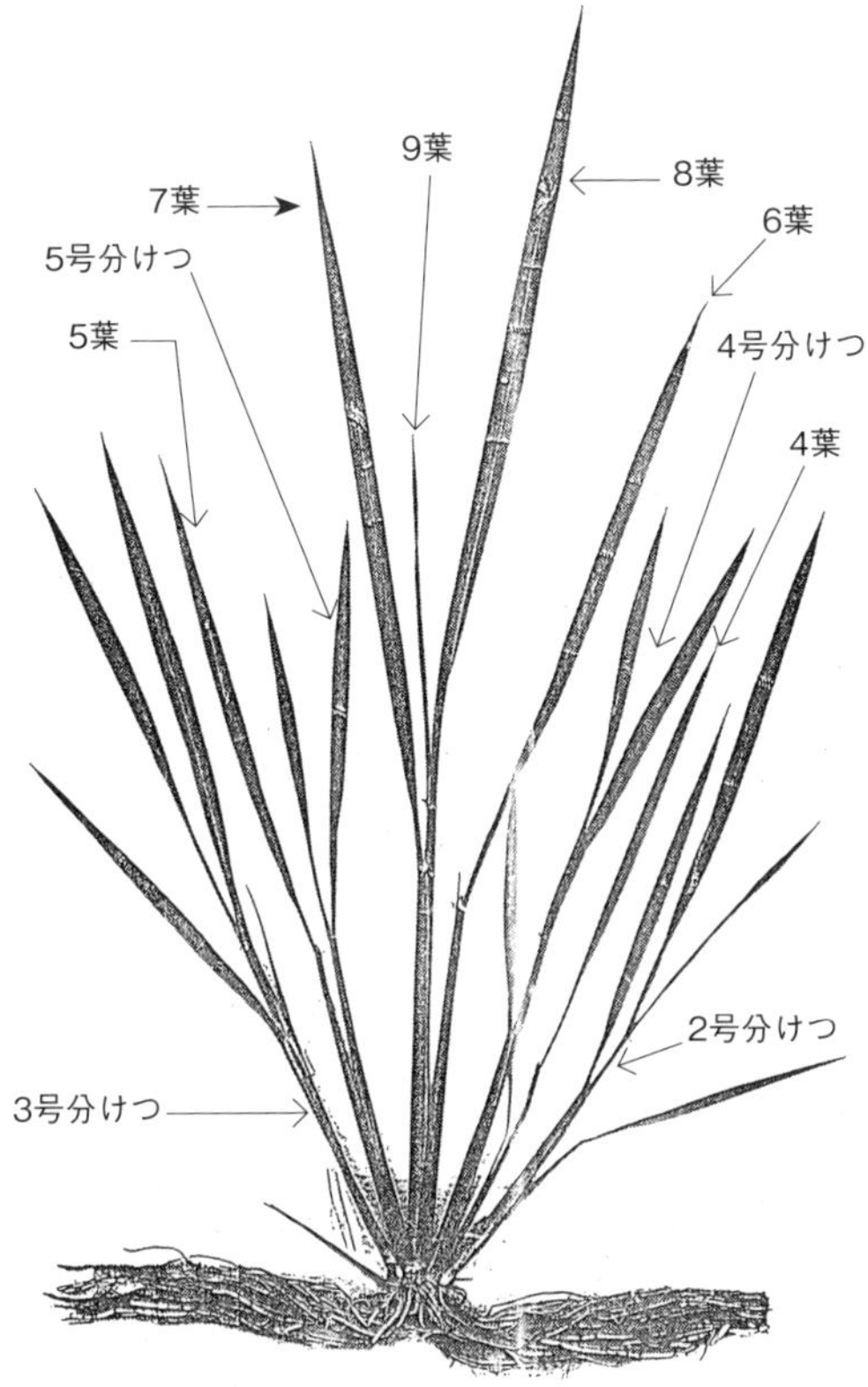

本葉9葉時のイネ

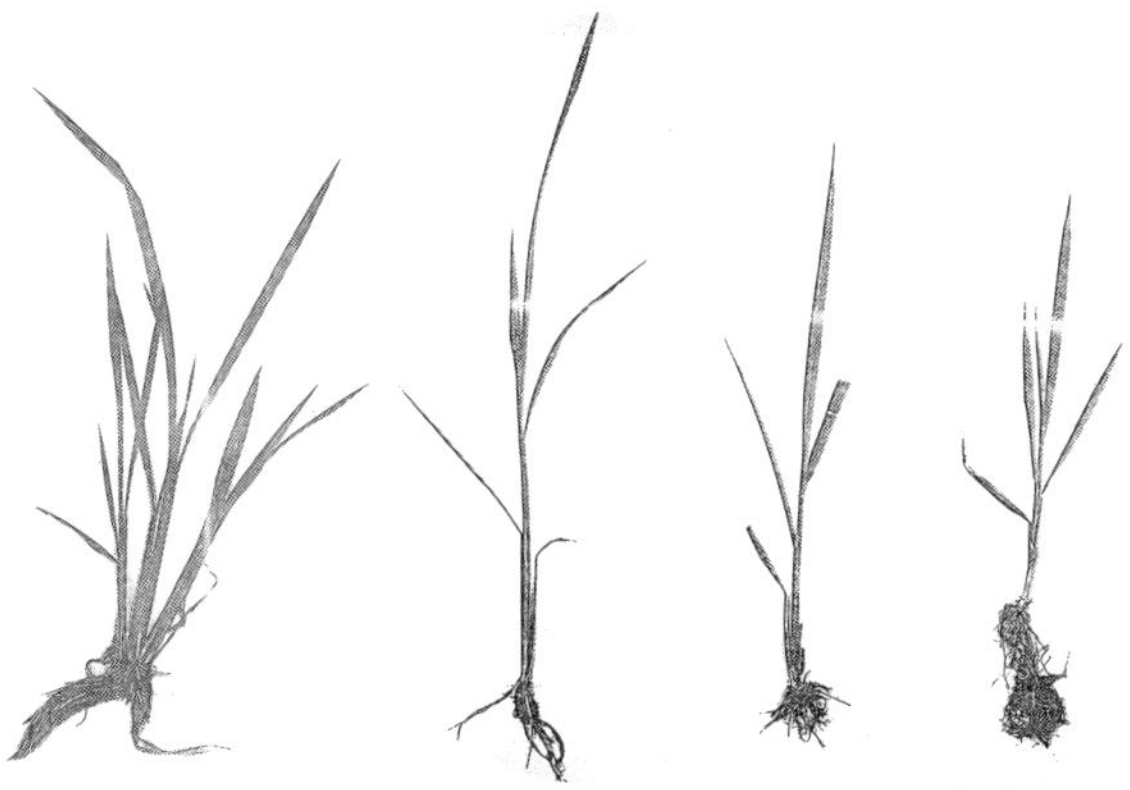
7葉期　　苗時代

ぐあいに分けつしていたかがわかる。原寸大でコピーするから、新しく伸びた葉の長さ、幅の広さで、順調に育っているかを判断することができる。

　私の家庭用複写機ではB４サイズが最大だが、いちばん長い葉が四〇センチに伸びたイネは、そのころ一〇号分けつが出て、一二葉目が伸びていた。家庭用の複写機も十分観察には役立つ。

その3　イネ刈り前の抜き株

　イネ刈り前にやっておきたいのが抜き株だ。平均的な育ちをしているイナ株を三株抜き、それを吊して乾かし、雨降りの日などヒマなときに、一株の穂の数や長さ、モミの数、稈の長さ、節間などを測り、その年のイネつくりの記録として残したい。その記録をもとに専門家の助言を聞くことは、次の年への大きなステップとして大切なことだと思っている。

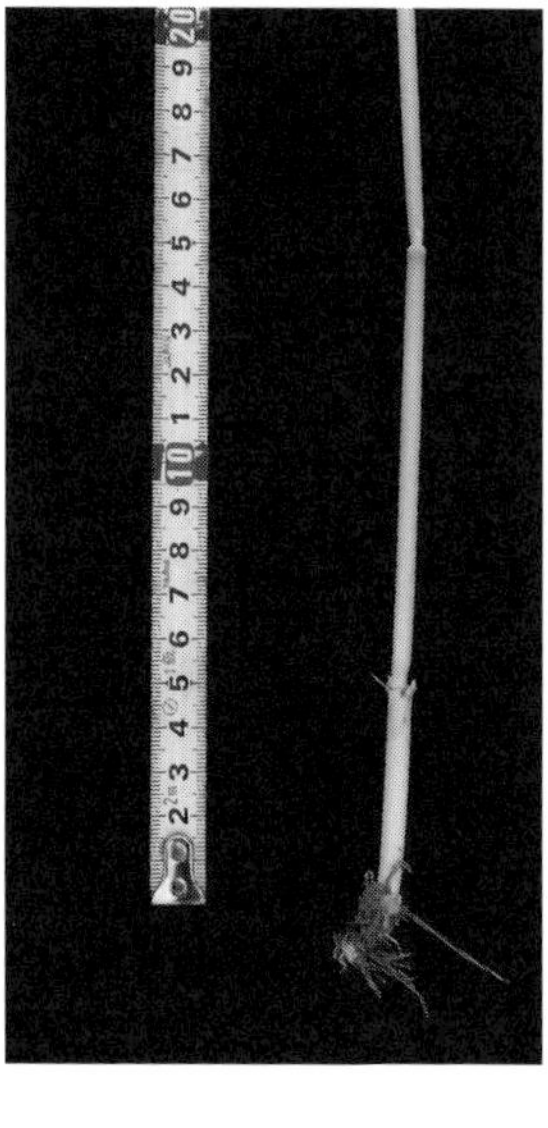

その4　手づくり「豊作の杖」

　まえがきに記したように、「豊作の杖」は私がまだ普及員をしているころ、地域のイネの生育記録をもとにして、標準的な育ちとそのときのイネに起こっていること、そしてそのときの手の打ち方を、棒に記したものだ（写真次ページ）。

　四角い棒を使って、その四面を使

う。棒の長さはイネの最大の草丈分あればよいから、コシヒカリであれば約一二〇センチというところだろう。できればその表面に、水に濡れても大丈夫なように、また見やすいように白色のプラスチック板を貼り付けるとよい。

一つの面（A面）には、草丈や葉の長さを測るための一センチ刻みの目盛りをつける。一つは地ぎわから測るために、いちばん下の部分からの目盛り。もう一つは、穂の長さなど上の部分の長さを測りやすくするために、穂首節あたりを起点にした目盛りをふっておくと便利だ。

すき間の部分には、もったいないから、葉色診断のために近い色の油性ペイントなどで「葉色色見本」を書いておくとたいへん便利。

もう一面（B面）には、収量構成要素と、時期時期の生育目標を書く。

たとえば、七月中旬は穂肥の時期になるので、その時期の草丈に近い位置に「穂肥の施用」と書き込んでおき、その時期のイネの姿を「草丈〇〇センチ・茎数〇〇本、葉齢〇〇葉」といったメモをつけておくと、自分のイネが今、どんな状態にあるかが一目でわかる。

もう一面（C面）は葉の長さである。止葉、第二葉、第三葉、第四葉の長さを、実際の葉の形に似せて描いておくとわかりやすい。たとえば、「止葉三〇センチ　伸長盛期・出穂二一日前」といったぐあいだ。

それぞれの葉を描く位置は、その葉が伸びだしている高さを目安に描くと使いやすい。

もう一面（D面）は節間長と穂長である。節が伸びだしてくる伸長節間だけだが、第五節間、第四節間、第三節間、第二節間、第一節間、そして穂長を、積み木を積み上げるように、下から上に向かって重ねていく。

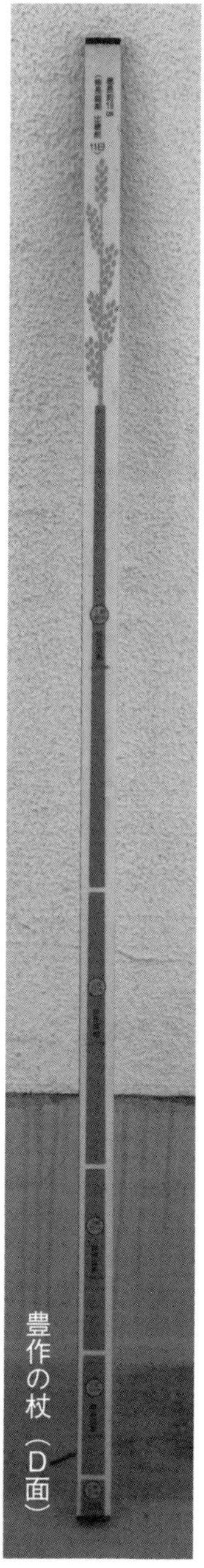

豊作の杖（D面）

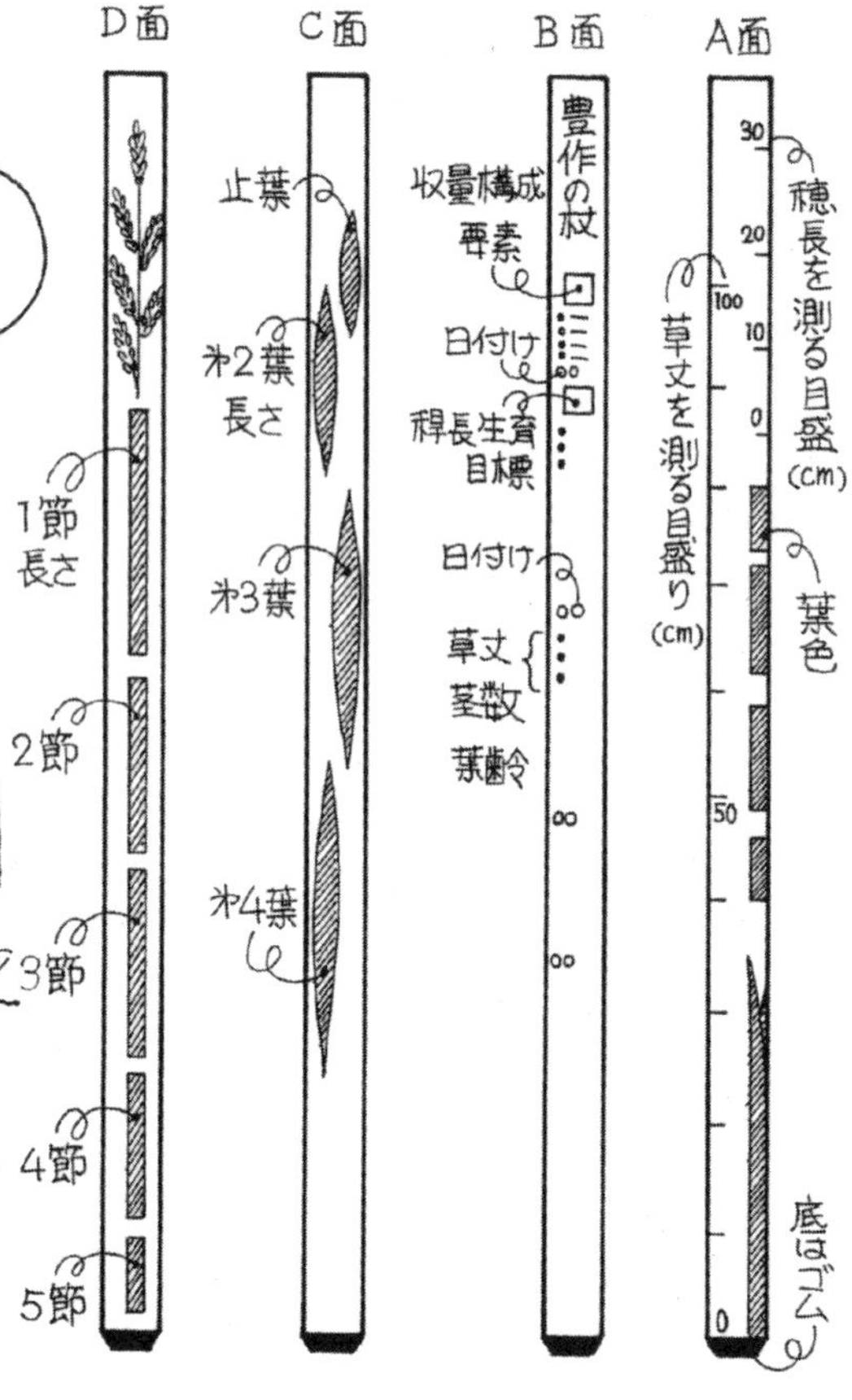

本などでよく登場する「稈長」というのは、穂の部分を除いた長さ（地ぎわから穂首節まで）だ。

杖のいちばん下には滑り止めのゴムなどを付けておくと、杖代わりとしてもとても使いやすい。

富山県のコシヒカリの生育調査をもとに反収一一俵をめざしてつくったものだが、各地で自分たちのイネの目標を「豊作の杖」としてつくるといいと思う。

著者略歴

高島忠行（たかしま　ただゆき）

1930年富山県砺波市生まれ。

富山県立福野農学校卒業後、農協営農指導員、富山県庁農産係長、砺波・高岡・小杉・上市の各農業改良普及所に勤務。この間、鯉渕学園を通信教育で卒園、富山大学経営短期大学修了。農林省委託研修生として、東京教育大学で教育社会学を学ぶ。

退職後は「富山県花と緑の銀行」に勤務のかたわら、1.3haの水田に、イネ、ムギ、景観作物をつくる。平成9年度、全国花のまちづくりコンクール個人の部において最優秀賞を受賞。

現在、富山県生涯学習講師として、農村社会、楽しいイナ作を担当。砺波市コミュニティテレビ地区特派員。

著書　『兼業農家のイネつくり』『イネの品種』（いずれも共著、農文協刊）、ビデオ「イネの機械作業コツのコツ」

新版　イネの作業便利帳
—よくある失敗150—

1988年７月30日　初版第１刷発行
2009年８月31日　初版第43刷発行
2025年２月10日　新版第14刷発行

著者　高　島　忠　行

発行所　一般社団法人　農山漁村文化協会
郵便番号　335-0022　埼玉県戸田市上戸田２-２-２
電話 048(233)9351(営業)　048(233)9355(編集)
FAX 048(299)2812　振替 00120-3-144478
URL https://www.ruralnet.or.jp/

ISBN978-4-540-09161-2　DTP制作／ニシ工芸㈱
〈検印廃止〉　印刷／㈱新協

製本／根本製本㈱
Printed in Japan　定価はカバーに表示
乱丁・落丁本はお取りかえいたします。